リスク及び機会
実践ガイド

ISO 14001を中心に

吉田 敬史 著

日本規格協会

はじめに

"リスク及び機会への取組み"は，ISO 14001及びISO 9001の2015年改訂で導入された最も重要な新しい要求事項である．これを正しく理解して適切に取り組めば，組織に対して確実に好ましい影響を与えるが，形式的・表面的な対応で済ますと，環境マネジメントの取組み全体の形骸化と実態からの乖離がますます進み，組織にも社会にも好ましくない影響を与える．

本書はそういった観点から，"リスク及び機会"に関連する要求事項をより深く理解するための関連情報を幅広く提供するとともに，"リスク及び機会への取組み"の実効性を高めるために参考となる考え方や，具体的な手法を紹介するものである．そのため，規格の要求事項を超えるような解釈やアドバイスも多く含んでいるが，それらは全て筆者の企業での実務経験に立脚している．

本書の解説は，ISO 14001:2015を基本にしているが，ISO 9001:2015をはじめ，附属書SLをベースとした全てのマネジメントシステム規格における"リスク及び機会"の理解を深めるうえでも活用できるだろう．

第1章は，Q&Aである．説明会などで規格ユーザから実際に寄せられた質問をもとに構成した，"リスク及び機会"についてのFAQ集ともいえる．読者の皆様の疑問を解消する第一歩として，まず読んでいただきたい．

第2章では，ISO 14001やISO 9001の2015年改訂版が準拠する"附属書SL"が提示する"リスク及び機会"に関して，その検討の経緯を含めた基本事項を解説している．附属書SL開発における議論の経緯を知ることで，用語の定義や要求事項のいっそう正確な理解が可能となるだろう．

第3章では，ISO 14001の2015年改訂作業において，附属書SLで提示された"リスク及び機会"を，環境マネジメントシステムにいかに組み込むかという最大の難問に関する議論を振り返りながら，ISO 14001:2015における"リスク及び機会"に関連する要求事項の意図と意味を詳しく解説する．

第4章では，ISO 14001:2015の主要な要素（細分箇条）と"リスク及び機会"との関連を解説した．"リスク及び機会"はISO 14001:2015の全ての構成要素（細分箇条）と深く関係することが理解できるだろう．

　第5章では，ISO 9001:2015を代表として，複数のマネジメントシステム規格を統合的に適用する場合の考慮事項と検討のステップを提示している．そして，"リスク及び機会"と"プロセス"の考え方を基礎とした統合が効果的であることを解説する．

　第6章は，監査（審査）におけるリスクアプローチの重要性と，"リスク及び機会"のマネジメントにおける内部監査の重要な役割について述べる．

　第7章では，リスクマネジメントの限界などについて述べている．

　また本書では，"コーヒーブレイク"と題して12のテーマで重要な話題をコラム風に解説する．リスクマネジメントについて更に深く知りたい読者は，学習のヒントとして活用いただければ幸いである．

　"リスク及び機会"への取組みの死活的重要性に鑑みると，このテーマに焦点を当てた解説書籍が必要であるという筆者の思いを日本規格協会 出版事業グループの本田亮子さんにお伝えしたところ，2016年度の出版企画として正式に取り上げていただく運びとなった．本書が日の目を見ることができたのは，本田さんをはじめJSAの関係各位のご理解とご尽力によるもので，この場を借りて心より感謝申し上げる．

　ISO 14001の2015改訂の成否は，組織の取組みのレベルアップと，それを検証する認証機関の姿勢及び力量にかかっている．組織及び認証機関の関係各位が，ISO 14001:2015の要となる"リスク及び機会"に関する要求事項を正しく，かつより深く理解するために，本書が少しでもお役に立てることができれば幸いである．

2016年11月

吉田　敬史

目　　次

はじめに　3

第1章　Q&A ……………………………………………………………… 9
Q 1　ISO 9001 や ISO 14001 などでリスクと機会への取組みが要求されるようになったが，どんなメリットがあるのか…………………………… 9
Q 2　"リスク"とはどのようなものか………………………………………… 10
Q 3　"機会"とはどのようなものか…………………………………………… 12
Q 4　"リスク"が正負の両面を含む意味だとすると，"機会"との区別に混乱する．どのようにとらえればよいか……………………………… 13
Q 5　リスクの種類にはどのようなものがあるか…………………………… 14
Q 6　リスクと機会について，ISO 14001 では組織にどのような対応を求めているか……………………………………………………………… 15
Q 7　ISO 14001 はそもそもリスクを低減する規格だと認識している．2015 年版であえて"リスク及び機会"を明示する意味は？……………… 16
Q 8　ISO 14001 に出てくる"緊急事態"や"環境側面"，"順守義務"という言葉は全て，"課題"や"リスク及び機会"ともとらえることができるか………………………………………………………………… 17
Q 9　リスクと機会の決定方法は，それぞれの組織に任されているのか……… 17
Q 10　リスクと機会を洗い出す前に，どんな準備をしておけばよいか………… 18
Q 11　金属部品の加工を請け負う零細下請業者で，加工方法を指定され工夫の余地もない．このような組織では，一般的にどのようなリスクや機会が考えられるか……………………………………………………… 19
Q 12　一つの要因について，"リスク"しか浮かばないものものある．そのような場合，無理に"機会"も考えなくてはならないか……………… 20
Q 13　"意図した成果"の達成は，経営状態に大きく影響を受ける．EMS でも経営的な観点で課題やリスク・機会をとらえ，対応しなければならないのか……………………………………………………………… 21
Q 14　検討範囲を広くすると，無数のリスク・機会が浮かぶ．その全てに取り組むのは現実的ではなく，ISO 活動に懐疑的になってしまう ………… 22

Q 15　リスクと機会を決定する際のポイントとは……………………… 23
Q 16　ISO 14001 では，リスクアセスメントも求めているのか………… 24
Q 17　リスクと機会について，ISO 14001 にはどのような文書化の要求が
　　　あるか．文書の種類や内容についてイメージが沸かない…………… 25
Q 18　ISO と経営を一体化させ成果を出すためには，どのようなポイント
　　　があるか……………………………………………………………… 26
Q 19　ISO 14001 だけでなく，ISO 9001 なども統合マネジメントする場合，
　　　それぞれに異なるリスク・機会を決めなければならないのか……… 27
Q 20　リスク・機会への取組みに対する内部監査は，どのように行えばよ
　　　いか…………………………………………………………………… 28

第 2 章　附属書 SL と"リスク及び機会"……………………………… 31
2.1　MSS 共通要求事項としての"リスク及び機会"……………………… 31
2.2　"リスク及び機会"に関する要求事項導入の経緯……………………… 42
2.3　リスクの概念…………………………………………………………… 51
2.4　機会の概念……………………………………………………………… 57
2.5　"リスク及び機会"の決定プロセス…………………………………… 60

第 3 章　ISO 14001 と"リスク及び機会"……………………………… 67
3.1　2015 年改訂における"リスク及び機会"検討の経緯………………… 67
3.2　ISO 14001：2015 における"リスク及び機会"……………………… 72
3.3　"リスク及び機会"の特定……………………………………………… 77
3.4　取り組む必要がある"リスク及び機会"の決定……………………… 88
3.5　"リスク及び機会"の決定プロセス…………………………………… 90
3.6　"リスク及び機会"への取組みの計画策定…………………………… 93

第 4 章　"リスク及び機会"と EMS の主要な要素との関係………… 99
4.1　EMS の適用範囲（4.3）との関係……………………………………… 99
4.2　リーダシップ（箇条 5）との関係…………………………………… 101
4.3　環境目標（6.2）との関係……………………………………………… 104
4.4　資源（7.1）との関係…………………………………………………… 105
4.5　力量（7.2）及び認識（7.3）との関係………………………………… 108
4.6　コミュニケーション（7.4）との関係………………………………… 109

- 4.7 文書化した情報（7.5）との関係 …………………………………… 113
- 4.8 運用の計画及び管理（8.1）との関係 ………………………………… 114
- 4.9 緊急事態への準備及び対応（8.2）との関係 ………………………… 117
- 4.10 監視，測定，分析及び評価（9.1.1）との関係 ……………………… 118
- 4.11 順守評価（9.1.2）との関係 …………………………………………… 120
- 4.12 内部監査（9.2）との関係 ……………………………………………… 120
- 4.13 マネジメントレビュー（9.3）との関係 ……………………………… 122
- 4.14 改善一般（10.1）との関係 …………………………………………… 124
- 4.15 不適合及び是正処置（10.2）との関係 ……………………………… 125
- 4.16 継続的改善（10.3）との関係 ………………………………………… 126

第5章　複数マネジメントシステムの統合的利用と"リスク及び機会" …… 127
- 5.1 事業プロセスへの統合の必要性 ………………………………………… 127
- 5.2 複数MSSの統合の基本 ………………………………………………… 129
- 5.3 ISO 9001：2015との統合 ……………………………………………… 140
- 5.4 "利害関係者のニーズ及び期待"としての統合 ……………………… 151
- 5.5 "リスク及び機会への取組み"の統合 ………………………………… 154

第6章　監査・審査における"リスク"の考え方 …………………………… 161
- 6.1 リスクベース監査の考え方とその実践方法 …………………………… 161
- 6.2 リスク及び機会に関して内部監査の果たすべき役割 ………………… 167

第7章　これからのEMSと"リスク及び機会" ……………………………… 171
- 7.1 リスクと不確実性 ………………………………………………………… 171
- 7.2 予防原則 …………………………………………………………………… 173
- 7.3 リスクマネジメントの限界 ……………………………………………… 175
- 7.4 クライシスマネジメント ………………………………………………… 178
- 7.5 組織の持続的成功に向けて ……………………………………………… 181

索　　引　　　185

コーヒーブレイク

1	内部統制とリスクマネジメント……………………………………… 38
2	戦略と ISO マネジメントシステム……………………………………… 40
3	附属書 SL におけるリスク及び機会の規定の問題点………………… 56
4	額田王が詠んだ"機会"……………………………………………… 60
5	環境側面の経営影響の評価事例…………………………………… 85
6	タートル図……………………………………………………………… 87
7	リスクと経済学………………………………………………………… 103
8	MSS と財務…………………………………………………………… 106
9	リスクコミュニケーション……………………………………………… 111
10	事業プロセスの基本構造…………………………………………… 140
11	リスクファイナンス…………………………………………………… 158
12	不正リスクへの対処………………………………………………… 169

第1章
Q & A

Q1 ISO 9001 や ISO 14001 などでリスクと機会への取組みが要求されるようになったが，どんなメリットがあるのか．

A1 組織の経営とは，荒海に漕ぎ出したヨットを操船して目的地を目指すようなものである．風向きを読み間違ったり，前方の氷山に気付かなかったりすれば，目的地に到着できないだけでなく，最悪の場合には沈没してしまう．船長は，レーダーの監視情報や気象情報などに常に気配りし，危険を避け，有利な風に乗って早く目的地に到着できる最適な航路を選択する判断を時々刻々行いながら船を進めていく．

現代の品質や環境マネジメントもまた"荒海"の中にある．顧客のニーズや環境の課題もますます多様化し，常に変化している．状況の変化に適切に対応することができなければ，荒海は乗り切れない．ISO 9001 も ISO 14001 もマネジメントシステムである以上，現在の，そして今後ますます荒れていく海を乗り切るための仕組みに変わらなければならない．

"リスクと機会への取組みにどんなメリットがあるか"という問いへの回答は，**"リスクと機会への取組み"なしのマネジメントはあり得ない**ということだ．わが国の大企業でリスクマネジメントが注目されるようになったのは 2000 年代に入ってからで，アメリカの産業界よりも 10 年は遅れた．こうした状況に危機感を持った経済産業省は，2003 年 6 月に"リスクマネジメントと一体となって機能する内部統制の指針"を公表した．

指針では，リスクマネジメントの必要性について次のように述べている．

リスクマネジメントとは，企業の価値を維持・増大していくために，企業が経営を行っていく上で，事業に関連する内外の様々なリスクを適切に管理する活動である．企業は，その目的に従って事業活動を行っていく上で，社外の経営環境等から生じるリスクのみならず，社内に存在するリスクにも直面している．企業が，その価値を維持，増大していくためには，このようなリスクに適切に対処することが必要である．

指針の策定に加えて，経済産業省は2003年度に"事業リスク評価・管理人材育成システム開発事業"を実施し，『事業リスク評価・管理人材育成プログラム　テキスト』を開発し公表した．この中で，事業リスクマネジメントのメリットについて次のように述べている．

事業リスクマネジメントを導入することで，企業の収益において損失の発生確率が減少し，収益を生み出す確率を高めることになる．この意味で事業リスクマネジメントは経営の安定性と効率を高め，企業価値を向上するツールである．

経済産業省の策定した指針を含め，内部統制とリスクマネジメントの基本については，コーヒーブレイク1で要点を解説する．

Q2　"リスク"とはどのようなものか．

A2　"リスク"という言葉を国語辞典や英和辞典で引いてみると，おおむね"危険，損害の恐れ"というような説明が記されている．すなわち，"好ましくない結果になる，又は影響を受ける可能性"という意味で通常は使用されている．

一般用語としての"リスク"を理解するうえで重要な3要素がある．第1は，"危険・損害"はいずれも可能性である．第2には，"危険・損害"又は"好ましくない"ということは，"誰にとって"もしくは"何に対して"という視

点によって変わることである.ある人(組織)にとって"好ましくない"ことが,他の人(組織)にとっては"好ましい"こともある.第3は,"危険・損害"や"結果になる"又は"影響を受ける"ということには,その大きさ(重大性)の大小があり,それによって"リスクが大きい"とか"リスクが小さい"という表現が使用される.この3要素は,後述するISO規格でのリスクを考えるときにも確認すべき基本となる.

　全ての人(組織)は日常的に様々なリスクに晒され,自然にそれに対処している.リスクの本質は情報の不完全性で,特に未来に関する情報が完全ということはあり得ない.情報が不完全な中で,人も組織も未来に向けて意思決定し,行動せざるを得ない.毎日の通勤で定刻に家を出ても,定刻に職場に着くことは保証されない.交通機関のトラブルに遭遇する可能性(すなわちリスク)がある.

　ISO 9001やISO 14001などのISOマネジメントシステム規格では,リスクは**"不確かさの影響"**と定義され,その注記1で"影響とは,期待されていることから,**好ましい方向又は好ましくない方向にかい(乖)離することを**いう"と記されている."乖離"とは,ずれることである."期待"をどこに置くかで"乖離"の好ましい・好ましくないという方向や程度が変わり,影響も違ってくる.

　例えば,新製品開発や設備投資を決定するとき,ある期間内に利益が得られるという期待のもとに決定し実行するはずだが,それらが達成される保証はない.新製品開発が奏功し,予測以上の売上げ増となることもあれば,予想外の不振で損失が発生することもある.このような,不確実性がリスクなのである.

Q3 "機会"とはどのようなものか.

A3 "機会"も一般によく使用される言葉である.国語辞典ではおおむね"機会"を"事をするのに最も都合のよい時機"というように説明している."opportunity"という英単語を英英辞典で引くと,"ある状況が,何かを行う又は達成することを可能にするような時"という説明が掲載されている.いずれも**"状況"**と**"時"**の両面で**好都合な条件**がそろうことであることを示唆している.

ISO 9001(JIS Q 9001)では"機会"は定義されていないが,2015年版の序文0.3.3(リスクに基づく考え方)において,次のように説明されている.

> 機会は,意図した結果を達成するための好ましい状況,例えば,組織が顧客を引き付け,新たな製品及びサービスを開発し,無駄を削減し,又は生産性を向上させることを可能にするような状況の集まりの結果として生じることがある.

"機会"も"リスク"と同様に,"起こりやすさ"と"結果"の組合せで表されるが,その性質が異なる.

リスクの場合は,それが顕在化する(想定していた事象が発生する)と組織はその影響を受ける.それに対して機会は,それが顕在化(到来)しても,その機会を活用する行動(投資の実施など)が伴わなければ,好ましい影響は生じない.例えば,2012年度に再生可能エネルギーの固定価格買取り制度(FIT)が導入され,太陽光発電設備を導入する絶好の機会が到来した.しかし,この機会に投資を実行しなかった,もしくはできなかった組織や個人にとっては何ら好ましい影響は生じていない.

機会をとらえて活動しても,それが常に好ましい結果を保証するものではない.太陽光発電の例でいえば,雑草に覆われて日照不足になったり,太陽光発電パネルの汚れがひどく,期待したほどの発電ができなかったという事例も多々ある.また,リスクと同様に機会の結果にも,その大きさ(重要性)の大

小がある．"リスク"と"機会"の関係は，単純に"裏と表"又は対照する関係ではない．

Q4 "リスク"が正負の両面を含む意味だとすると，"機会"との区別に混乱する．どのようにとらえればよいか．

A4 "リスク"が正負の両面を含むという問いは，ISOマネジメントシステム規格でのリスクの定義の注記1に記されている"影響とは，期待されていることから，好ましい方向又は好ましくない方向に乖離することをいう"という説明を念頭に置いたものだろう．

　好ましい・好ましくないという基準は期待するところによって異なる．したがって，"プラスのリスク"，"マイナスのリスク"というように区別して理解するのは間違いで，リスクは好ましい又は好ましくない結果をもたらす可能性（不確かさ）として一体的に理解しなければならない．

　"好ましい方向への乖離"が必ずしも"機会"になるわけではない．例えば，前期の業績が想定を上回る好調で（好ましい方向への乖離），設備投資や新製品開発投資が可能な財務状況になったとする．その時，投資計画が策定されて，市場調査の結果，投資の回収が見込めると期待できるならば，好業績という好ましい方向への乖離が投資の機会をもたらすだろう．

　一方，投資計画が策定できなかったり，市場調査の結果，投資しても回収が難しい状況であることが判明したら，投資の機会にはならない．すなわち，好ましい方向への乖離という状況を活用して行動を起こすための，その他の条件がそろって初めて"機会"となる．

　さらにいえば，機会を活用して投資を実行しても，それが成功するという保証はない．機会にも必ずリスクが伴っているが，リスクを恐れて投資の機会をいつも逃していたら企業はじり貧になる．機会をとらえて実施する活動の"好ましくない影響"が，最悪ケースを想定しても組織が耐えられる範囲（財務面や市場での評価などの観点で）に収まりそうなら，積極的に"機会"を追求す

るのが企業である．

Q5 リスクの種類にはどのようなものがあるか．

A5 リスクの種類については確立した標準分類のようなものはなく，目的に応じて様々な分類が提示されているが，分類というより，根本的な概念が異なる二つのとらえ方がある．

一つは，"安全"や"セキュリティ"といった分野で一般的なように，リスクは被害や損害が発生する可能性というマイナスの意味でのみ使用されるもので，**"純粋リスク"**といわれることがある．もう一方は，経営（ビジネス）の分野で使われるもので，損失と利益の双方の可能性があることをリスクという．こちらは**"投機的リスク"**といわれることもあり，ISOマネジメントシステム規格の共通要求事項で規定されるリスクはこれである．

経営（ビジネス）の分野といっても，**コーヒーブレイク1**で紹介する内部統制のような"守り"の分野では，純粋リスクの意味で使用されている．

内部統制やマネジメントシステムの分野では，その適用分野（領域）固有に潜在する**"固有リスク"**と，内部統制やマネジメントシステムに内在する**"統制リスク"**という分類がある．

環境分野の固有リスクの例としては，国連気候変動枠組条約第21回締約国会議（COP 21）で採択された新たな法的枠組みとなる"パリ協定"がある．この協定によって，今後世界各国でCO_2の排出規制が強化され，企業の温室効果ガス排出削減の対策費用が急増するリスクが高くなった．

統制リスクの例としては，環境マネジメントシステム（EMS）や品質マネジメントシステム（QMS）を導入しても，例えば従業員の力量や認識が不足していれば，意図した成果（結果）を得ることができないというリスクがある．

リスクの種類（分類）については，組織の**階層別**（経営リスクと操業リスク），リスクの影響が及ぶ**範囲別**（全社リスク，事業所・部門リスク），リスクの**領域別**（市場リスク，法的リスク，財務リスク，レピュテーションリスク，自然災

害リスク）など様々な分類がある．組織は，組織内で理解しやすい分類を採用すればよい．

Q6 リスクと機会について，ISO 14001 では組織にどのような対応を求めているか．

A6 ISO 14001（JIS Q 14001）は，リスクと機会の発生源として以下の三つを規定している．

① 組織の状況（外部の環境状態を含む外部及び内部の課題と利害関係者のニーズ及び期待）

② 環境側面

③ 順守義務（法的及組織が同意したその他の要求事項）

　また，対処すべきリスクと機会は，次の三つの観点から考慮する必要がある．第1の観点は，"**EMS が，その意図した成果を達成できるという確信を与える**"というもので，何らかの手を打たなければ，EMS が意図した成果が得られなくなるような，好ましくない影響を与え得るリスクや，意図した成果を得ることが容易になる，又は促進されるであろう機会がないかどうか考察する．

　第2は，"**外部の環境状態が組織に影響を与える可能性を含め，望ましくない影響を防止及び低減する**"という観点で考慮する．"外部の環境状態"とは，気候変動が激しくなって水害の可能性が高まるとか，ある種の資源が入手困難になるといった環境問題の状況や変化である．"望ましくない影響を防止及び低減する"とは，2004 年版では"予防処置"として対応していたことを，運用レベルでの対応に留まらず，経営（戦略）レベルにまで拡大することを意図している．ここでも好ましくない結果を生じ得るリスクを考慮するだけではなく，"望ましくない影響を防止及び低減する"ことが容易化する，又はより確実にするような機会についても検討するとよい．

　最後に"**継続的改善を達成する**"という観点から考慮する．例えば，1970年代の公害時代にさまざまな経験を積んだベテランが退職していく状況下では，

継続的改善の下地となる知識や経験の伝承が不十分となって，継続的改善が進まない可能性がある．逆に，世代交代によって若い人の斬新な発想やITなどの新技術を取り入れる機会が開けるかもしれない．

リスクと機会には，組織にとって重大なものも，そうでないものもある．全てのリスクと機会に対応することは求められていない．**組織が重要と考えるものを取り組むべき対象として決定すればよい．決定したリスクと機会に対してどのように取り組むかという計画も，組織が主体的に決定すればよいのである．**

Q7 ISO 14001 はそもそもリスクを低減する規格だと認識している．2015 年版であえて"リスク及び機会"を明示する意味は？

A7 ISO 14001 に限らず，全てのマネジメントシステムは，組織が自ら設定した成果（結果）を達成するための仕組みであり，起こり得る不適合の原因を除去する予防処置の機能や，仕組みの有効性を継続的に改善する機能が当初より組み込まれていた．

ISO 14001 では，マネジメントの主たる対象となる著しい側面には現に著しい環境影響を与えているものだけでなく，著しい環境影響を与える"可能性がある"ものも含めていたので"リスク"の考え方が入っており，緊急事態への準備及び対応もリスクを低減するものであることは間違いない．しかしながら，ISO 14001 の 2015 年版は 2004 年版と比べてはるかに広範なリスクと機会を，より体系的にとらえるマネジメントシステムに変化している．

一番大きな違いは，2004 年版の著しい環境側面や緊急事態は，環境影響という視点だけでとらえられているのに対して，2015 年版のリスクや機会は，"**組織への影響**"という視点が明確に加えられたことである．

2015 年版の要求事項は，**運用（操業）レベルでの EMS にとどまることなく，経営戦略レベルにも EMS を適用することを意図している．**

Q8 ISO 14001 に出てくる"緊急事態"や"環境側面","順守義務"という言葉は全て,"課題"や"リスク及び機会"ともとらえることができるか.

A8 "緊急事態"や"環境側面","順守義務"は全て EMS で取り組む必要がある課題であることは間違いない.あえて"課題"の前に"EMS で取り組む必要がある"という追記をしたのは,"課題"もリスクや機会と同様に,"誰にとって"もしくは"何に対して"という視点を決めなければ意味をなさないからである.ある人(組織)にとっての課題が,全ての人(組織)にとっての課題となるわけではない.

緊急事態はリスクに含まれる.しかし,環境側面と順守義務はリスク及び機会の発生源の一つではあるが,"リスク及び機会"そのものではない.

環境側面や順守義務から発生する可能性のある,組織への影響がリスクや機会で,組織がそれらに対処しなければならない重要性があると決定したリスクや機会は,組織が対処すべき"課題"となる.

Q9 リスクと機会の決定方法は,それぞれの組織に任されているのか.

A9 ISO マネジメントシステム規格では,**リスクと機会の決定方法は組織に任されている**.特に ISO 9001 と ISO 14001 では,正式なリスクマネジメントを要求していないことがそれぞれの附属書 A に明記されている.ここで"正式なリスクマネジメント"とは,ISO 31000:2009(リスクマネジメント―原則及び指針)に準拠したものをいう.

情報セキュリティマネジメントシステムや労働安全衛生マネジメントシステムなど,従来からリスクマネジメントが組み込まれていた規格では,ISO 9001 や ISO 14001 よりは正式なリスクマネジメントに近いプロセスが要求されている.ISO 9001 や 14001 でも,リスク及び機会を決定するための"プロ

セス"が要求される．"プロセス"が要求されるということは，"社長が決めます"というだけでは要求事項に適合しないということである．

リスク及び機会は，組織をとりまく経営環境や組織の変化に応じて変わってくる．したがって，リスク及び機会を決定するプロセスには**一貫性と継続性**が必要であり，**プロセスが具備すべき基本的な要件**を備えていなければならない．基本的な要件とは，プロセスへの"インプットとアウトプット"，"インプットをアウトプットに変換する方法"，"プロセスに必要な資源（人的資源を含む）"を明確にし，プロセスが計画したとおりに動作していることを"監視し，不都合があれば是正する仕組み"を備えていることである．

Q10 リスクと機会を洗い出す前に，どんな準備をしておけばよいか．

A10 リスクと機会の洗い出しは"プロセス"によって継続的に実施するものであるから，**まずはプロセスを計画する必要がある**．

どのようなISOマネジメントシステムでも，意図した成果を達成する組織の能力に影響を与える**外部及び内部の課題**と，**利害関係者の要求事項**（ニーズ及び期待）はリスク及び機会の発生源とされているので，まずこれらの課題を抽出する．さらに，ISO 14001では**環境側面**と**順守義務**（法的及びその他の要求事項）もリスク及び機会の発生源とされているので，それらの中にも"意図した成果を達成する組織の能力に影響を与える"ような課題がないかどうかを検討する．

準備作業としては，リスクや機会の発生源となりそうな"課題"に関する情報を組織内外でできるだけ幅広く収集することである．収集した情報はリスクや機会を決定するプロセスのインプットになる．情報収集は，組織内外の様々な立場の人へのインタビューや，アンケートを実施して得ることもできるが，重要な課題は組織内ですでに明確になっている場合も多い．

課題は，組織に対して"好ましくない影響を与える"，"好ましい影響を与える"という両方の可能性からピックアップする．課題の収集にあたり，EMSなら

"環境", QMS なら"品質"に関してというように個別分野に特化した課題に絞ってよいが, この段階ではあまり狭くとらえないほうがよい. EMS でも QMS でも, マネジメントシステムに内在する課題の抽出も忘れてはならない.

こうして収集した課題は, すでに組織に対して"好ましい"又は"好ましくない", あるいは両方の影響を与える可能性があるものになっている. 後は, それらの影響の"重大性"に関する**"判定基準"を明確**にしたうえで, **取り組む必要がある重要なリスクと機会を決定する**. 判定基準も, 組織が組織の状況を踏まえて自由に決定すればよい.

"自由に"とはいっても, 組織が決めた判定基準が, 利害関係者のニーズや期待を中心とした社会の価値観と乖離していると, 重要なリスクや機会を見誤るというリスクがあることを忘れてはならない. 社会の価値観は変化していくので, 判定基準の妥当性についても継続的な見直しが必要である.

ISO 9001 や ISO 14001 の要求事項では, 判定基準は要求されていないように見えるが, 8.1 に規定されているプロセスの"運用基準"の一つとして決めておかないと, "プロセス"としての一貫性や継続性が実現できない.

Q11 金属部品の加工を請け負う零細下請業者で, 加工方法を指定され工夫の余地もない. このような組織では, 一般的にどのようなリスクや機会が考えられるか.

A11 全ての個人も組織も, 常に様々なリスクや機会に対処しながら活動している. リスクや機会に無縁な人や組織はない. この質問のような零細下請業者も例外ではなく, むしろ"零細"であるがゆえに豊富な経営資源をもつ大組織よりも大きなリスクを抱えていたり, 零細であるがゆえに小回りが利いて, 機会に迅速に対応できるという場合もある.

リスクや機会は, 組織ごとに異なるもので, 一般的なリスクや機会を挙げることは基本的に適切でないが, あえて零細組織に共通性が高そうなリスクや機会の例を述べてみよう. まず, 零細企業は経営資源, すなわち資金も人も少な

いし，入手できる情報や知識も大組織に比べれば少ない．そうした状況では，マネジメントシステムの能力（管理力）に関するリスクが大きくなる．例えば，従業員の力量や認識が低いことによる法令不順守が起こりやすい．零細であるがゆえに環境負荷も小さいかもしれないが，小さな法令違反でも取引先から契約を打ち切られる可能性はある．

　昨今の気候変動の顕在化により，風水害の可能性が高まっていることは"外部の環境状態"がもたらすリスクとして考慮すべきである．自治体の災害ハザードマップなどを確認して，もし1メートル以上の水が出る可能性のある場所に立地しているなら，事業所が操業不能となる事態を防止するような防災対策を検討する必要がある．リスクや機会は，組織が保有する情報や知識の範囲でしか認識できない．知らない，あるいは情報が少ないということは最大のリスクになる．

　零細企業がISO 9001であれISO 14001であれ認証取得する場合，多くは取引先からの要請によっている．そうであれば，なぜ取引先は認証取得を求めるのか，何を期待しているのか，**取引先と十分な意思疎通を図る**ことが肝要である．取引先から必要な情報や知識を得ることで，マネジメントシステムの有効性の改善の機会が見いだせる可能性もある．

Q12 一つの要因について，"リスク"しか浮かばないものものある．そのような場合，無理に"機会"も考えなくてはならないか．

A12
リスクと機会は単純な"裏と表"の関係ではなく，一つの課題に対して，常にリスクと機会が一体として伴っているわけではない．ISO 9001やISO 14001だけでなく，いかなるISOマネジメントシステム規格でも，**リスクと機会を常にペアとして決定することは要求していない**．

　もちろん，一つの課題がリスクと機会の両方をもたらす場合もあるが，そのような場合でもリスクと機会，それぞれの"重要性"までは同等でない場合が多いだろう．組織が取り組むべきリスクと機会は，組織が定める判定基準に照

らして決定されるので，一つの課題から発生するリスクと機会のいずれかに対しては取り組むが，他方については取り組まないと決定することもある．

しかしながら，**一つの課題に対してリスクと機会の両面から考えてみることは決して無駄ではない**．例えば，新たな規制の導入が，組織にとって設備の改修や人員の教育などコスト増というリスク，すなわち，好ましくない影響の可能性がある場合，その影響の程度（大きさ）を推計するためには，"対応策"まである程度検討しないと判断できない．

その規制が多くの企業に影響するもので，かつ対応に相当の困難が伴うものであれば，いち早く対応に成功すれば同業他社に対する競争で優位に立ったり，顧客（消費者）からの評価が向上する機会に転化することもある．その一つに，アメリカの排ガス規制をいち早くクリアした日本車は，1980年代のアメリカで競争優位に立った例がある．

Q13 "意図した成果"の達成は，経営状態に大きく影響を受ける．EMSでも経営的な観点で課題やリスク・機会をとらえ，対応しなければならないのか．

A13

当然である．Qにある"経営状態"という言葉は，規格でいう"組織の状況"の一部であり，組織の戦略的方向性との整合とともに，5.1（リーダーシップ及びコミットメント）や5.2（環境方針）にも反映されなければならない．

ISO 14001を所管するISO/TC 207/SC 1が公表した"ISO 14001：2015における主な変更点"（邦訳は日本規格協会のウェブサイトで公開）では，変更点の第1に**"戦略的な環境管理"**が掲げられ，次のように述べられている．

> 組織の戦略的計画プロセスにおける環境管理の重要性が増している．組織及び環境の双方への便益のため，機会を特定し活用するために，組織の状況の理解に関する新しい要求事項が取り入れられている．特に，利害関

係者のニーズ及び期待（規制上の要求事項を含む．），組織に影響を与える又は組織からの影響を受ける地方・地域・グローバル規模の環境状況に関連する課題又は変化する状況に，焦点が当てられている．優先事項と特定された場合には，有害なリスクの緩和又は有益な機会の探求のための活動を，環境マネジメントシステムの運用計画に統合することとなる．

ここで，リスクや機会への取組みに関して，"優先事項と特定された場合には"という条件が付されていることが重要である．これは A 10 で述べたリスクや機会に対して，取組みが必要と判断するための**判定基準の必要性**を示唆している．いかなる組織でも，使用できる経営資源（資金，人，知識・情報）の限度内でしか活動できない．経営状態が悪化して予算が縮小されれば，なおさら優先順位を明確にして，対処すべき課題を選別しなければならない．

Q 14 検討範囲を広くすると，無数のリスク・機会が浮かぶ．その全てに取り組むのは現実的ではなく，ISO 活動に懐疑的になってしまう．

A 14 "検討範囲を広くすると，無数のリスク・機会が浮かぶ"という状態になるのは，組織にとって好ましいことである．広い視野と豊富な情報，多様な知識がないと"無数のリスク・機会が浮かぶ"ことはない．

リスクや機会の検討範囲は，**EMS なら環境**，**QMS なら品質**という守備範囲に限定してかまわないが，**境界領域（グレーゾーン）は含めておくべきである**．運用（操業）レベルの課題にとどまらず，経営（戦略）レベルでの課題もしっかりと取り上げることが肝要である（A 13 参照）．

限られた時間と費用の中でできるだけ幅広く課題をピックアップし，環境とか品質とかの**守備範囲を多少逸脱**するくらいの検討範囲の拡大を試みると，狭い視点では気付かなかったリスクや機会が見えてくるかもしれない．

こうした検討を"懐疑的"というネガティブな姿勢ではなく，視野が広がる

チャンス，学習するチャンスとしてポジティブに受けとめ，積極的に向き合うことを推奨したい．浮かんできた全てのリスク・機会に取り組む必要はない．組織が自ら定めた判定基準に照らして，取り組む必要があるリスクや機会を選択すればよい．

Q15 リスクと機会を決定する際のポイントとは．

A15 Q14で提起されたように，リスクと機会になり得る課題には限りがなく，検討範囲を限定するとしても，対処すべきリスクと機会を可能な限り効率的に決定することが肝要である．そのためにも，リスクと機会を決定するためのプロセスの計画が重要である．

リスクや機会の分類に関して，組織にとって理解しやすい分類を決めると検討しやすくなるだろう．課題の洗い出しでは，可能な範囲でできるだけ多様な情報源，多様な組織内外の人々の意見を収集できるような仕組みを構築することも重要である．そのうえで，対処すべきリスクと機会を決定するための判定基準を決定する．

リスクや機会は，組織に対する影響の可能性であるから，環境影響の"著しさ"とは別の判断基準が必要である．環境側面から発生し得るリスクや機会に対しては，環境影響が大きい"著しい環境側面"はリスクや機会になりやすいので，環境影響の著しさもリスクや機会の判断基準の中に取り入れてもよい．

しかし，組織への影響という観点で考えると，**①業績（損益）への影響**，**②損益以外の社内への影響**（従業員の力量・認識など），**③社外（利害関係者）への影響に関して，"大・中・小"といった定性的判断でよいので判定基準を明確にしておくとよい．**

例えば，①の損益への影響であれば，企業規模にもよるが，例えば予想される影響が，10億円以上，1億以上10億円未満，1億円以下，というように，"大・中・小"を具体的に決めておくことである．

リスクや機会の決定は継続的に行うので，どのような課題を抽出し，どのよ

うな判定基準を適用して検討し，最終的な決定がどのような理由でなされたのか，後日レビューできるように最低限の記録は残しておく必要がある．こうしたことも含めて"プロセス"を計画し，その実施とレビューを通じてプロセスの継続的改善を進めていけば，リスクと機会の決定の適切性，妥当性が次第に向上していく．

Q16 ISO 14001 では，リスクアセスメントも求めているのか．

A16 ISO 14001:2015 の附属書 A.6.1.1（リスク及び機会への取組み 一般）では，次のように明記されている．

　リスク及び機会は，決定し，取り組む必要があるが，正式なリスクマネジメント又は文書化したリスクマネジメントプロセスは要求していない．リスク及び機会を決定するために用いる方法の選定は，組織に委ねられている．この方法には，組織の活動が行われる状況に応じて，単純な定性的プロセス又は完全な定量的評価を含めてもよい．

　Q でいう"リスクアセスメント"が，確率的・統計的リスク評価手法を適用してリスクの大きさを評価するというという意味であれば，そのような厳密な手法を要求していないことは上記からも明らかである．

　"正式なリスクマネジメント"とは，ISO 31000（JIS Q 31000）で規定される内容に準拠したリスクマネジメント及びリスクマネジメントプロセスのことを意味しており，そこでは"リスクアセスメント"を次のように定義している．

2.14　リスクアセスメント
　リスク特定，リスク分析及びリスク評価のプロセスの全体

　"リスクアセスメント"とは，"リスク評価"を指すだけではなく，**リスクの特定から分析，評価までを包含した概念**である．この定義に合致する正式なリ

スクアセスメントは，ISO 14001 では要求されていない．

しかしながら，ISO 14001 でもリスクや機会を決定するための"単純な定性的プロセス"は最低限必要である．ここまでの随所で述べているように，リスクや機会の発生源となる課題を決定し，その中から取り組む必要があるリスクや機会を決定するためには，**リスクや機会の重要性を推定し，組織が自主的に定める何らかの判定基準に照らして決定する"プロセス"を確立しなければならない．**

Q17 リスクと機会について，ISO 14001 にはどのような文書化の要求があるか．文書の種類や内容についてイメージが沸かない．

A17 ISO 14001：2015 の 6.1.1（リスク及び機会への取組み　一般）では，リスクと機会に関して要求される文書化した情報は次の二つである．

① 取り組む必要があるリスク及び機会
② 6.1.1～6.1.4 で必要なプロセスが計画どおりに実施されるという確信を持つために必要な程度の，それらのプロセス

①は，リスクと機会を決定するためのプロセスのアウトプットで，決定されたリスク及び機会の内容であることは自明であろう．これは 7.5.1（文書化した情報　一般）で規定される"a) この規格が要求する文書化した情報"の一つであるが，7.5.1 では更に"b) EMS の有効性のために必要であると組織が決定した，文書化した情報"を含めることを規定している．

リスクと機会は，組織やそれをとりまく状況の変化に応じて変わっていくので，定期的なマネジメントレビューで見直しが要求される．取り組む必要があるリスクと機会の決定の結果だけを文書化した情報としても，どういう課題をどのように検討し，どのような判断基準を用いて決定したのか，その経緯も文書化した情報として残しておかないと有効なレビューは行えない．

②は，8.1（運用の計画及び管理）や 8.2（緊急事態への準備及び対応）でも

ほぼ同様な要求事項があり，組織が定めたプロセスに関する文書化した情報である．プロセスを規定するうえで必要な内容は，A9及び**コーヒーブレイク6**を参照されたい．リスクや機会のマネジメントは，審査のために行うものではなく，**組織を守り，成功に導くために実施するもの**であることを認識すれば，規格の要求事項に明示されているか否かにかかわらず，**組織が必要な文書化した情報の範囲は常識として明らかになるはずだ**．

　文書化した情報の要求事項に限らず，ISOマネジメントシステム規格は，ビジネスの常識からはずれるような要求事項を規定することはなく，ビジネスの常識として当然実施されるであろうことを子細に要求することもない．

Q18 ISOと経営を一体化させ成果を出すためには，どのようなポイントがあるか．

A18 ISO 14001:2015の序文0.3（成功のための要因）には，次のように記されている．

　　環境マネジメントシステムの成功は，トップマネジメントが主導する，組織の全ての階層及び機能からのコミットメントのいかんにかかっている．組織は，有害な環境影響を防止又は緩和し，有益な環境影響を増大させるような機会，中でも戦略及び競争力に関連のある機会を活用することができる．トップマネジメントは，他の事業上の優先事項と整合させながら，環境マネジメントを組織の事業プロセス，戦略的な方向性及び意思決定に統合し，環境上のガバナンスを組織の全体的なマネジメントシステムに組み込むことによって，リスク及び機会に効果的に取り組むことができる．

　ここで述べられていることは，EMSだけではなく，全てのISOマネジメントシステムに普遍的な成功要因である．経営と一体化させ成果を出すポイントを整理すると，次の三つの事項がある．

① **トップマネジメントの主導**

すなわち，トップマネジメントのリーダーシップ及びコミットメントが組織内で明確に示されていることである．トップマネジメントが関心を示さないことに，組織内の人々は真剣には取り組まない．

② **組織の全ての階層及び機能からのコミットメント**

すなわち全員参加，それもコミットメントというレベルの意識の共有が必要である．これを実現するためには，組織の置かれている状況認識や，直面するリスクや機会について，全ての階層及び機能を代表する人々が検討に参画し，組織を守り，成果（業績）を上げていくためにやらなければならないことを"自分ごと"として認識できるようなプロセスや，内部・外部の透明なコミュニケーションが不可欠である．

③ **他の事業上の優先事項と整合させながら，戦略的な方向性及び意思決定に統合する．**

すなわち，EMSでの取組みが全社の事業計画の達成にどのように寄与するかということを明確にすることである．経営状態が芳しくなく，予算などの投入できる経営資源が限定される状況にあるならば，ますますその限界の中で優先事項を絞り込んで取組みを計画する必要がある．常に経営の実態から乖離しないようにすることは，トップや上級管理者層の責任である．

Q19 ISO 14001 だけでなく，ISO 9001 なども統合マネジメントする場合，それぞれに異なるリスク・機会を決めなければならないのか．

A19 全てのISOマネジメントシステム規格では，取り組む必要があるリスク及び機会の決定に際しては，"XXXマネジメントシステム[*1]が，その意図した成果を達成できるという確信を与える"という観点で決定す

---

*1 "XXX"には，"環境"や"品質"など，個別MSSの分野名が入る．

ることが要求されているので，当然ながら，**それぞれに異なるリスク・機会を決めなければならない．**

しかし，広い視点で見れば，**リスクや機会を発生させる組織の状況**（外部・内部の課題や利害関係者のニーズ及び期待など）**は本来一つであり，環境とか品質とかいう個別分野の視点では，見える課題と見えない課題があるということにすぎない．**ISO 14001 と ISO 9001 で共通に考慮すべき組織の状況も多々あり，取り組む必要があるリスク・機会が共通となる場合もある．

特に，製品やサービスに関する環境面での課題は，エネルギー効率（省エネ）や省資源に関する顧客の要求事項や法令・規制要求事項など，QMS でも取り組む必要がある課題で，それらに関するリスクや機会も共通となる場合が増えていく傾向にある．化学物質規制の強化に関連したリスクは，EMS とともに，OH&SMS（労働安全衛生マネジメントシステム）と共通の課題となり得る．

サプライチェーンに関するリスクや機会は，EMS，QMS，OH&SMS，BCMS（事業継続マネジメントシステム）などで共通の課題となるだろう．複数の MSS を採用している組織は，共通するリスクや機会はもちろん一元化して取り組めばよい．

Q20 リスク・機会への取組みに対する内部監査は，どのように行えばよいか．

A20 ISO マネジメントシステム規格が規定する内部監査では，監査対象のマネジメントシステムが，次の状況にあるか否かの決定を要求している．

a) 次の事項に適合している．
　1) XXX マネジメントシステムに関して，組織自体が規定した要求事項
　2) この規格の要求事項
b) 有効に実施され，維持されている．

リスクと機会に関する内部監査の役割は，6.1.1で要求されるプロセスの適合性と有効性の確認，6.1.4の要求事項に従って決定された取組みと，その取組みのXXXマネジメントシステムプロセスへの統合及び実施の方法，そしてその取組みの有効性の評価を行う方法が，決定したとおりに実行され，有効に実施されているか，すなわち結果を達成しつつあるかを確認することである．

　取り組む必要があるリスクと機会の決定や，それを決定するための判定基準は経営層による意思決定なので，内部監査の直接の対象ではない．しかし，リスクや機会を決定するためのプロセスは内部監査の対象であり，特に**組織の状況変化に対して，リスクや機会が見直されているかどうかの確認は重要である**．

　状況変化に対応できていなければ，リスクや機会の決定プロセスが有効に機能しているとはいえない．内部監査の対象となるプロセスには，それぞれに固有のリスクや機会が伴っており，そのプロセスの責任者が対応策を計画し，実施に移しているはずである．そうした取組みの有効性を評価し，成果が出ていなければ，責任者に是正を求めることも内部監査の役割である．第三者審査では，コンサルティングは禁止されているが，内部監査ではむしろコンサルティングやアドバイスを積極的に行い，リスクや機会のマネジメントの改善につなげていくほうがよい．

　しかし，内部監査にも時間の制約がある．所定の時間の中で，いかに有効な監査を行うかを十分計画して監査に着手する必要がある．そのために監査プログラムの確立が要求されるが，その際，ISO 14001やISO 9001では"組織に影響を及ぼす変更"を考慮に入れることが明記されている．

　"変更"は従来と違った状態になることであるから，変更が定着するまでの間，様々なトラブルを引き起こすリスク源になり得る．変更に限らず，リスクや機会の重要性に応じて監査プログラムの資源を割り当てるという"**リスクベース監査**"の考え方が，ISO 19011（マネジメントシステム監査のための指針）で示されている．**些細なことに貴重な時間をつかうのではなく，本当に重要な部分に焦点をあてて監査するということである．**

　内部監査も組織のプロセスの一つで，内部監査プロセスにもリスクと機会が

伴っている．検出すべき不適合を見逃すというリスク（発見リスクという）を最小化し，組織のプロセス改善に貢献するという機会を最大限活用するために，監査プログラムの計画をしっかりと立案することが肝要である．

第 2 章

附属書 SL と "リスク及び機会"

2.1　MSS 共通要求事項としての "リスク及び機会"

　本書のテーマである "リスク及び機会" は，ISO マネジメントシステム規格（**MSS**：Management System Standards）の共通要求事項であり，2012 年以降に制定又は改訂される全てのタイプ A の MSS（要求事項を規定するもの）に，その適用が義務付けられた．

　ただし例外的な事情，例えば多くの諸国で，法規制で参照される規格として使用するにあたり問題が生じるような場合には，非適用とする根拠を説明した報告書を提出することなどによって，非適用が許容される．

　MSS 共通要求事項や共通の用語の定義は，ISO の規格策定のルールブックである "ISO/IEC 専門業務用指針・統合版 ISO 補足指針" の中に，2012 年より "附属書 SL" として掲載されている．2013 年からは指針を提供する MSS（タイプ B という）も，適切な場合には適用することとされた．

　ISO の作業会合では，**MSS 共通要求事項や共通用語の定義のことを，"附属書 SL"** と呼んで議論することがすっかり定着しているので，本書でもこの呼称を用いて解説する．

　附属書 SL には，その適用を支援するため以下の三つの文書が作成され，公開されている．

①　FAQ
②　コンセプト文書
③　用語の手引

附属書 SL と，上記の支援文書はいずれも日本規格協会ウェブサイトの"マネジメントシステム規格の整合化動向"の中で，邦訳版が公開されている．本書の解説の中でも，随所でこれら支援文書の記述を引用している．

附属書 SL が規定される前は，ISO 9001 や ISO 14001 では"リスク"という用語は使用されていなかった．情報セキュリティマネジメントシステム（ISO/IEC 27001）や労働安全衛生マネジメントシステム（OHSAS 18001）では，従来からリスクの評価が要求事項として明示されていた．

リスクに対する取組みが共通要求事項となった背景には，組織，特に企業経営においてリスクを明確に意識し，向き合うことの重要性が広く認識されるようになってきた流れがある（**コーヒーブレイク1参照**）．

附属書 SL に"リスク及び機会"に関する要求事項が導入された詳しい経緯については本書 2.2 で述べるが，まずその要求事項について確認しておこう．

附属書 SL のリスク及び機会に関する要求事項は，以下のように 4.1（組織及びその状況の理解），4.2（利害関係者のニーズ及び期待の理解）と 6.1（リスク及び機会への取組み）の三つの細分箇条から構成されており，これらは不可分の関係にある．

4.1　組織及びその状況の理解
組織は，組織の目的に関連し，かつ，その XXX マネジメントシステムの意図した成果を達成する組織の能力に影響を与える，外部及び内部の課題を決定しなければならない．

4.2　利害関係者のニーズ及び期待の理解
組織は，次の事項を決定しなければならない．
— XXX マネジメントシステムに関連する利害関係者
— それらの利害関係者の，関連する要求事項

6.1　リスク及び機会への取組み
XXX マネジメントシステムの計画を策定するとき，組織は，4.1 に規定

する課題及び4.2に規定する要求事項を考慮し,次の事項のために取り組む必要があるリスク及び機会を決定しなければならない.
— XXXマネジメントシステムが,その意図した成果を達成できるという確信を与える.
— 望ましくない影響を防止又は低減する.
— 継続的改善を達成する.
組織は,次の事項を計画しなければならない.
a) 上記によって決定したリスク及び機会への取組み
b) 次の事項を行う方法
— その取組みのXXXマネジメントシステムプロセスへの統合及び実施
— その取組みの有効性の評価

枠内の"XXX"には,"環境"や"品質"など,個別MSSの分野名が入る.
4.1及び4.2は,組織のマネジメントを適切に行うために自らが置かれている状況の理解を求めるもので,それによってリスクや機会を認識することが可能になる.ISO 31000(リスクマネジメント−原則及び指針)でも,リスクの特定や評価の前提として"組織の状況"を確定する必要があることが示されている.ISO 31000では,利害関係者も組織の状況に含まれており,附属書SL支援文書のFAQの第21項でも**"利害関係者は,組織の状況の一部である"**と説明されている.

4.1で決定することが要求される"外部及び内部の課題"は,"組織の目的に関連し,かつ,そのXXXマネジメントシステムの意図した成果を達成する組織の能力に影響を与える"ものに限定されている.ここで"影響を与える"ということには,当然ながら"好ましい影響"と"好ましくない影響"の双方を含んでおり,後述するように,リスクは潜在的な影響であるから,附属書SLがいうところの"課題"の決定は,すでにリスク及び機会の特定になっていると考えることもできる.

4.2の"利害関係者のニーズ及び期待"の決定では,組織外部だけでなく,組織内部の利害関係者のニーズや期待の認識も含んでおり,既述のようにそれらは外部・内部の課題,あるいは組織の状況の一部として一体的に考慮してよい.

6.1では,第1段落において,4.1及び4.2で決定した課題の中から"次の事項に取り組む必要がある"として列記された三つの基準に照らして,リスク及び機会を決定する.ここで,"取り組む必要がある"という限定詞が置かれていることが重要で,特定したリスク及び機会の全てに取り組む必要はない.

一つ目の"XXXマネジメントシステムが,その意図した成果を達成できるという確信を与える"とは,4.1で決定した"XXXマネジメントシステムの意図した成果を達成する組織の能力に影響を与える"課題の,"好ましい影響"と"好ましくない影響"の双方に関して,その影響の大きさを評価して,"XXXマネジメントシステムが意図した成果を達成できることを確実にする"という観点から,取り組む必要があるリスク及び機会を決定することである.

二つ目の"望ましくない影響を防止又は低減する"ということに対しても,"好ましくない影響"を与える可能性がある課題だけを考慮するのではなく,"好ましい影響",すなわち,"望ましくない影響を防止又は低減する"ということを容易にするような課題についても考慮する.三つ目の"継続的改善を達成する"ということに対しても同様である.

第2段落では,取り組む必要があるとして組織が決定したリスク及び機会に対して,その取組みの方法と,その有効性の評価方法の決定が要求される.

これらの要求事項の実施方法については,本書2.5で詳しく解説するので,ここではこれらの要求事項の意図を確認しておこう.

附属書SLでは,6.1でリスク及び機会への取組みが要求事項として導入されたことで,従来ISO 14001でもISO 9001でも要求事項であった"予防処置"に関する要求事項が姿を消している.この理由について,FAQ文書の第10項では次のように説明している.

10. 共通テキスト内に"予防処置"に関する特定の箇条が含まれていないのはなぜか.

　上位構造及び共通テキストには，"予防処置"の特定の要求事項に関する箇条がない．これは，正式なマネジメントシステムの重要な目的の一つが，予防的なツールとしての役目をもつためである．したがって，MSSは，4.1において，組織の"目的に関連し，かつ意図した成果を達成する組織の能力に影響を与える，外部及び内部の課題"の評価を要求し，さらに6.1において，"XXXマネジメントシステムが，その意図した成果を達成できることを確実にすること，望ましくない影響を防止又は低減すること，継続的改善を達成すること，に取り組む必要があるリスク及び機会を決定"することを要求している．この2つの要求事項はセットで"予防処置"の概念を網羅し，かつ，リスク及び機会を見るような，より広い観点をもつと見なされる．

　また，附属書SLの要求事項の意図については，コンセプト文書が4.1, 4.2及び6.1に関して述べている．最も重要な部分を抜粋して以下に示す．

4.1　組織及びその状況の理解

　組織及びその状況の理解に関するこの箇条の意図は，マネジメントシステムにプラス又はマイナスの影響を与える可能性がある重要な課題を高いレベルで（例えば，戦略的に）理解することについての要求事項を規定することである．

4.2　利害関係者のニーズ及び期待の理解

　利害関係者のニーズ及び期待の理解に関するこの箇条の意図は，マネジメントシステム及びMSSに適用される，関連する利害関係者のニーズ及び期待を高次的に（例えば，戦略的に）理解することについての要求事項を規定することである．

6.1 リスク及び機会への取組み

リスク及び機会への取組みに関するこの箇条の意図は，マネジメントシステムを確立するための前提条件として必要とされる計画に関する要求事項を規定することである．ここでは，何を考慮する必要があるか，及び，何について取り組む必要があるかについて規定している．ここでの計画が戦略レベルで行われるものであるのに対して，実施計画（tactical planning）は，運用の計画及び管理（8.1）において行われる．

三つの細分箇条に共通するキーワードは"戦略"である．"戦略"という言葉は，どのような組織でも使用されていると思うが，その意味を改めて問われると即答できる人は少ないのではないだろうか．本書でも戦略論を深く論じる意図はないが，**コーヒーブレイク 2** で簡単に解説する．

附属書 SL では，リスクを次のように定義している．

3.9 リスク

不確かさの影響．

注記 1　影響とは，期待されていることから，好ましい方向又は好ましくない方向にかい（乖）離することをいう．

注記 2　不確かさとは，事象，その結果又はその起こりやすさに関する，情報，理解又は知識に，たとえ部分的にでも不備がある状態をいう．

注記 3　リスクは，起こり得る"事象"（JIS Q 0073:2010 の 3.5.1.3 の定義を参照）及び"結果"（JIS Q 0073:2010 の 3.6.1.3 の定義を参照），又はこれらの組合せについて述べることによって，その特徴を示すことが多い．

注記 4　リスクは，ある事象（その周辺状況の変化を含む．）の結果とその発生の"起こりやすさ"（JIS Q 0073:2010 の 3.6.1.1 の定義を参照）との組合せとして表現されることが多い．

一方，附属書SLに"機会"の定義はない．リスクの定義を難解と感じる読者は多いだろう．この定義の意味を含め，リスクとは何かに関する基本的な解説は本書第1部A2を，詳しい説明は本書2.3を参照されたい．

　リスクの定義については，その適用ルールとして次のような柔軟性が織り込まれている．

SL.9.4.　附属書SL　Appendix 2の使用

7　"リスク"という概念の理解は，この附属書SLのAppendix 2の3.9の定義に示されたものよりも，更に固有である場合もある．この場合，分野固有の用語及び定義が必要なことがある．分野固有の用語及び定義は，中核となる定義とは区別する．例：XXXリスク

これによって，様々なMSSで分野固有の定義が規定されている．

コーヒーブレイク 1

内部統制とリスクマネジメント

アメリカでは，1980年代後半頃から，不正な財務報告を防止する仕組みを組織内に確立する必要性が認識され，会計5団体によりトレッドウェイ委員会組織委員会（COSO：Committee of Sponsoring Organizations of the Treadway Commission）が設置され，1992年に内部統制の統合的枠組（Internal Control ― Integrated Framework）が公表された．その内容は，財務報告の信頼性だけでなく，コンプライアンスや業務の効率性をも包含するものである．COSOの考え方は，金融関連国際機関や，アメリカ・日本の監査基準等でも参照され，内部統制のあり方に関して世界のデファクトスタンダードとなっている．

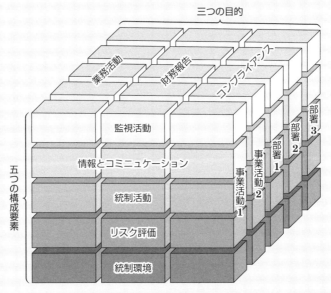

COSOによる内部統制の統合的枠組

COSOでは，内部統制を"業務活動，財務報告，コンプライアンスに関連する目的の達成に関して合理的な保証を提供するために設計された，事業体の取

締役，経営者，その他従業員が実施しなければならないプロセス"と定義し，目的達成に関連するリスクを評価し，リスクに対処する"リスクベース・アプローチ"を採用している．COSOのモデルによって"内部統制"と"リスクマネジメント"が不可分の関係であることが示された．"内部統制"は"マネジメントシステム"とほぼ同じものであるから，"リスク及び機会への取組み"が全てのISOマネジメントシステム規格の共通要求事項となったのは当然の成り行きである．

　COSOの内部統制のフレームワークは，アメリカで2002年に成立した企業改革法（SOX法）への対応のベースとして活用されるようになって急速に普及した．COSOは，2004年に上記の内部統制のモデルを拡張した全社的リスクマネジメント（ERM：Enterprize Risk Management）の枠組を公表した．ERMのフレームワークは，内部統制の三つの目的に"戦略"を追加して四つの目的とし，内部統制の構成要素に"目標の設定"，"事象の識別"，"リスクへの対応"を追加して八つの構成要素に拡張している．

　わが国でも，経済産業省による"リスクマネジメントと一体となって機能する内部統制の指針"（2003年）や"コーポレートガバナンス及びリスク管理・内部統制に関する開示・評価の枠組について－構築及び開示のための指針－"（2007年），金融庁・企業会計審議会・内部統制部会による"財務報告に係る内部統制の評価及び監査の基準"（2007年）などで，COSOの内部統制のモデルを若干修正した，わが国の内部統制モデルが提示された．COSOの内部統制モデルは図に示すように，財務報告の信頼性確保に限定した内部統制ではなく，企業活動全般にかかわる内部統制で，わが国のモデルも同様である．このため，本書では，随所でこれらの文書を参照している．

　"内部統制"と"リスクマネジメント"，そして"コーポレートガバナンス"を一体化した経営の仕組みを確立し，有効に運用することは，今や投資家にとどまらず，多様な利害関係者に共通するニーズ及び期待である．なお，COSOの内部統制の統合的枠組は2013年に改訂されているが，図に示した基本モデルは変わらない（コーヒーブレイク12参照）．

コーヒーブレイク 2

戦略と ISO マネジメントシステム

　組織の経営（事業）戦略に関しては，ビジネス書，経営学者による論文など星の数ほどの文献があるが，"戦略"という言葉に一定の共通点は見いだせるものの，唯一の確立された定義はない．ここでは，最も著名な経営学者であるピーター・ドラッカーとマイケル・ポーターの説く"戦略"から，ISO マネジメントシステムとの関係を考察してみよう．

　まず，ドラッカーは 1973 年に発表された名著"マネジメント－課題・責任・実践"の中で，"戦略計画"について次のように述べている．

戦略計画でないものを知る．（抜粋）
① 戦略計画は，魔法の箱や手法の束ではない．思考であり，資源を行動に結びつけるものである．
② 戦略計画は予測ではない．（中略）戦略計画が必要となるのは，まさにわれわれが未来を予測できないからである．
③ 戦略計画は，未来の意思決定に係るものではない．それは，現在の意思決定が未来において持つ意味に係るものである．
④ 戦略計画はリスクをなくすためのものではなく，最小にするためのものでもない．（中略）経済活動の本質とは，リスクを冒すことである．

戦略計画とは何か
　それは，①リスクを伴う起業家的な意思決定を行い，②その実行に必要な活動を体系的に組織し，③それらの活動の成果を期待したものとするという連続したプロセスである．

　続いて，ポーターが説く"戦略"について，1996 年にハーバード・ビジネス・レビュー誌で発表された論文"What is Strategy?"（邦訳：ダイアモンド・ハーバード・ビジネス　1997 年 3 月号）からキーワードを抽出して以下に示す．

・戦略は業務改善ではない．
・競争戦略とは，他社と異なる存在になることである．

- 戦略は，独自性と価値の高いポジションを創造することであり，ポジションに活動の違いがともなう．唯一にして理想のポジションなるものがあるなら，戦略は無用である．
- 戦略ポジションには，トレードオフが不可欠である．戦略とは，競争におけるトレードオフをつくることなのである．
- 戦略の本質とは，"何をやらないか"を選択することである．
- ほとんどの日本企業には戦略がない．

　二人の説く"戦略"は，それぞれ表現は異なるものの，"選択の意思決定"であるということは共通している．何を"リスク及び機会"として認識し，それにどのように取り組むかということも，"選択の意思決定"であるがゆえに"戦略"である．ポーターは，"日本企業には戦略がない"と指摘している．日本企業は，"業務改善"は得意だが，"戦略"的なものの見方や行動は不得手である．

　ISOのMSSは，業務改善のメカニズムを備えた組織の仕組み（システム及びプロセス）を規定するもので，日本の組織も取り組みやすいものであった．附属書SLの登場で，リスクや機会への取組みを中心とした，戦略的な考え方が導入されたことによって，ISOのMSSの性格が変化した．日本企業がこの変化に正面から向き合って，その思考や行動を変えることができるかどうか，そこには大きなリスクがある．

　附属書SLによって，戦略レベルでの取組みが強調される形になったが，"戦略"そのものは組織固有の意思決定であり，正解はなく，認証審査の対象ではない．

2.2　"リスク及び機会"に関する要求事項導入の経緯

　ISO 14001:2004 や ISO 9001:2008 では全く要求されていなかった"リスク及び機会への取組み"が，附属書 SL で導入されることになった経緯を知ることは，各 MSS でのリスクや機会に関する要求事項を正しく理解するうえで参考になるであろう．附属書 SL は，多様な ISO MSS の整合化を目的に開発されたので，まずは ISO における MSS 整合化への取組みについて簡単に振り返ってみよう．

　整合化問題が顕在化しはじめたのは，ISO 9001 を品質保証の規格から品質マネジメントシステム規格に転換する改訂作業がスタートした 1997 年頃からである．そこで，EMS と QMS の整合化を担当する合同タスクグループ（JTG：Joint Technical Group）が設置された．
　JTG は，ISO 9001 の 2000 年改訂から ISO 14001 の 2004 年改訂に至るまで，EMS と QMS の最大限の整合化に向けて努力を続けた．しかしながら，ISO 14001:2004 と ISO 9001:2000 の整合化の成果は十分とは言えず，2004 年 1 月に ISO の戦略・運営を統括する技術管理評議会（TMB：Technical Management Board）は"QMS と EMS の将来の改訂では，両規格が共通のテキストと用語の定義によって記述される共通の要素を持つ"ことを確実にするための"共同ビジョン"の策定を TC 176 と TC 207 に求める決議を採択した．
　"共同ビジョン"というと単なるコミュニケ（公式声明書）の作成のように聞こえるが，TMB の意図は，"共同ビジョン"に両委員会が合意したうえで，共通要求事項や共通の用語の定義を開発することであった．
　TMB 決議を受けて，TC 176 と TC 207 は JTG でこの検討を行うこととし，JTG は 2004 年 11 月に検討に着手した．JTG は 2 回の WG を経て 2005 年 5 月に共同ビジョン案とともに，将来の両規格に適用する共通の高次構造（HLS：High Level Structure＝箇条構成）の案を TC 176/SC 2 及び TC 207/SC 1 に提出し，両委員会内で意見照会に付された．このときの高次構造案を，**図 2.1**

の左側に示す．

JTG はコミュニケで，"JTG の仕事は，1990 年代のマネジメントシステムの考え方を振り返るのではなく，2012 年（この時点からは 7 年先）にユーザが何を必要としているか，将来を見たものとする必要がある"と述べている．そのとおり，HLS は ISO 14001:2004 や ISO 9001:2000 の従来の目次構成の最大公約数のような内容ではない．

最大の違いは，要求事項の出発点として"組織の状況"が置かれたことである．JTG が HLS 案を策定するうえで実施したブレインストーミングでは，出発点として"外部のレビュー（External Review）"や，当時策定中であった ISO 9004[*2]改訂の設計仕様書を参考に"組織環境（Organizational Environment）"と題した箇条を配置する案も検討されたが，"組織の状況（Context of the Organization）"が採用された．この時点では，"組織の状況"の意味はもっぱら"利害関係者のニーズ及び期待"であった．

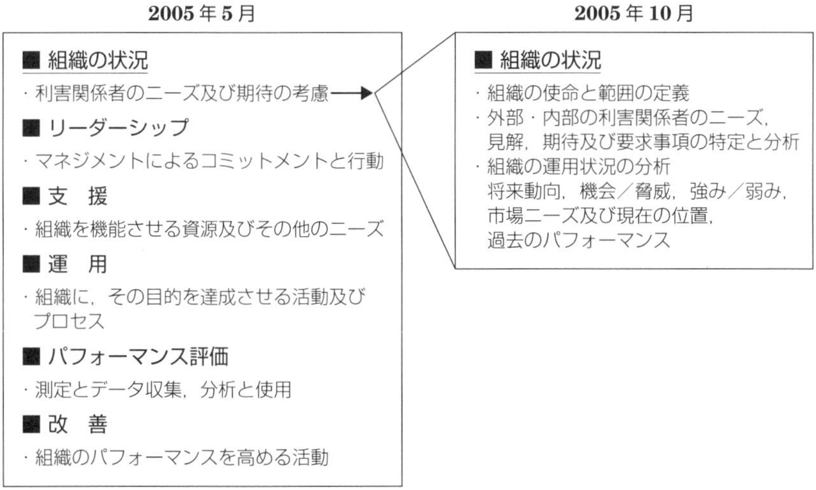

2005 年 5 月

■ 組織の状況
・利害関係者のニーズ及び期待の考慮 →
■ リーダーシップ
・マネジメントによるコミットメントと行動
■ 支　援
・組織を機能させる資源及びその他のニーズ
■ 運　用
・組織に，その目的を達成させる活動及びプロセス
■ パフォーマンス評価
・測定とデータ収集，分析と使用
■ 改　善
・組織のパフォーマンスを高める活動

2005 年 10 月

■ 組織の状況
・組織の使命と範囲の定義
・外部・内部の利害関係者のニーズ，見解，期待及び要求事項の特定と分析
・組織の運用状況の分析
　将来動向，機会／脅威，強み／弱み，
　市場ニーズ及び現在の位置，
　過去のパフォーマンス

図 2.1　JTG による HLS 案とその進展

[*2] ISO 9004:2009（JIS Q 9004:2010）　組織の持続的成功のための運営管理—品質マネジメントシステムアプローチ

EMS でも QMS でも，マネジメントシステムを確立する際は，環境方針や品質方針からスタートするわけではない．何をマネージする必要があるかを認識することが出発点である．ISO 14001:2004 では附属書 A.1（一般）で，"既存の EMS を持たない組織は，最初にレビューを行って，環境に関する組織の現状を把握するとよい"と述べられており，その内容として"環境側面"や"法的及びその他の要求事項"を認識する必要があることが示されている．

　ISO 9001:2008 でも，序文 0.1（一般）で，"組織における品質マネジメントシステムの設計及び実施は，次の事項によって影響を受ける"として a)〜f)まで六つの項目が列挙されている．a) では"組織環境，組織環境の変化，及び組織環境に関連するリスク"，b) では，"多様なニーズ"があげられている．

　このように，EMS でも QMS でも組織の状況，特に利害関係者のニーズ及び期待の理解からシステム構築が始まることは自然な考え方である．

　JTG は TMB に解散を指示される 2006 年 2 月までに 4 回の WG 会合を開催し，その最終段階では，図 2.1 の右側に示すように，"組織の状況"には"利害関係者のニーズ及び期待"に加えて，"組織の運用状況"（組織環境）が加えられ，将来動向や機会／脅威，強み／弱みなど，附属書 SL の 4.1 でいうところの"外部及び内部の課題"に近い内容になっている．JTG の検討では，リスクの概念は登場せず，"組織の状況"から"リスク及び機会"につながるのは，この時点から 5 年後の 2010 年 10 月のことである．

　JTG では，すでに改訂作業に入っていた ISO 9001 の 2008 年追補改訂版発行までに共通目次・共通テキストを完成させ，追補改訂版の発行後直ちに ISO 9001 と ISO 14001 の抜本改訂に着手し，2012 年には両規格の改訂版を同時発行するという野心的な計画を立てていた．

　ところが，2005 年には情報セキュリティマネジメントシステム（ISO/IEC 27001）や食品安全マネジメントシステム（ISO 22000）が発行され，MSS の適用分野の拡大が始まったことから，MSS の整合化は全ての MSS を包含した体制で推進すべきであるとする意見が浮上してきた．TMB は 2006 年 2

月の定例会合において，TC 176 と TC 207 に対して JTG の活動中止を指示するとともに，計画中のものを含め全ての MSS に関係する専門委員会（TC，PC，SC）の委員長及びセクレタリ（国際幹事）をメンバとする合同技術調整グループ（JTCG）を設置し，JTCG において MSS 全般を対象とした整合化を推進することを決議した．

JTCG（Joint Technical Coordination Group in MSS）は 2007 年 1 月に初会合を開催，JTG から共同ビジョンと HLS 案を受け継いで検討を開始した．JTCG による附属書 SL 開発の経緯を，**表 2.1** に示す．

JTCG は，2008 年 2 月の第 3 回会合で"共同ビジョン"案を起草し，関係する専門委員会に意見照会するとともに投票に付し，"共同ビジョン"は 2008 年 5 月に承認された．JTCG は，2008 年夏から，箇条構成（HLS：High Level Structure）の検討に進み，2009 年 4 月には第 1 次案を関係する専門委員会に回付した．2009 年 4 月に，JTCG が初めて関係する専門委員会に意見照会のため回付した細分箇条構成案を，**表 2.2** に示す．

本書では，リスクと機会に関連する部分に焦点を絞って表 2.2 の要点を説明する．この時点では，後の箇条 1（適用範囲）から 3（用語及び定義）は配置されておらず，要求事項部分だけを示しているため，"組織の状況"が箇条 1 になっている．この部分はすでに附属書 SL の 4.1 及び 4.2 と同様な構成になっているが，次の"リーダーシップと計画"がまだ一体で，"目的及び達成計画"はあるが"リスク及び機会"に関する要求事項は見られない．一方，"予防処置"の要求事項は 6.2 に残っている．

JTCG 内では共通用語の検討も進められており，2009 年 4 月に取りまとめた定義すべき用語案には"リスク"が掲載されていた．この時点での"リスク"の定義は，ISO 31000：2009 及び ISO ガイド 73：2009 と同じ，"目的に対する不確かさの影響"であった．

2009 年 9 月の第 6 回会合で"リーダーシップ"と"計画"が分離され，第 6 回会合の結果に基づき，2010 年 2 月に JTCG は TMB に対して進捗状況の

表 2.1 附属書 SL 開発の経緯

時 期	会 合	開催場所	主な検討内容とアウトプット
2007 年 1 月	第 1 回 JTCG	ジュネーブ	
9 月	第 2 回 JTCG	パリ	TG-1（MSS），TG-2（監査），TG-3（用語）設置
2008 年 2 月	第 3 回 JTCG	リオデジャネイロ	共同ビジョン案作成
2 月〜5 月	共同ビジョン案について，関連専門委員会（TC，PC，SC）に意見照会・投票を実施し，可決（承認）		
10 月	第 4 回 JTCG	デルフト	高次構造の内容の素案作成
2009 年 3 月	第 5 回 JTCG	サンホセ（コスタリカ）	細分箇条構成の検討 ＊TG-3 の用語の定義（案）には"リスク"の定義が掲載
4 月〜7 月	細分箇条構成案に対する関連専門委員会意見照会		
9 月	第 6 回 JTCG	ストックホルム	細分箇条構成決定 ＊リーダシップと計画の分離 2012 年 5 月開発完了予定
2010 年 2 月	第 47 回 TMB	ジュネーブ	2010 年内開発完了を指示（当初計画 2011 年 12 月）
3 月	JTCG-TF 会合	ダブリン	共通要求事項及び用語の定義のテキスト検討 ＊"文書化した情報"という用語が登場
5 月	第 7 回 JTCG	ブエノスアイレス	共通要求事項及び用語の定義のテキスト一次案完成 ＊TC 223 リスク概念の導入を提案，"課題と関心事"と表現 ＊"事業プロセスへの統合"の概念登場 ＊"予防処置"という用語を削除（10.2）
5 月〜6 月	共通要求事項及び共通用語の定義案に対する関連専門委員会意見照会		
10 月	第 8 回 JTCG	ウィーン	共通要求事項及び用語の定義の開発完了 ＊"期待される成果"を"意図する成果"に変更 ＊"課題と関心事"を"リスク及び機会"に変更 ＊"リスク及び機会"に関する要求事項を 6.1 に集約
2011 年 2 月	第 50 回 TMB	ジュネーブ	"共通要求事項及び用語の定義"を ISO ドラフトガイド 83 とし，その承認プロセス（4 か月投票）を決定
5 月〜9 月	ドラフトガイド 83 投票→　可決（承認）		
12 月	第 9 回 JTCG	ロンドン	ISO ドラフトガイド 83 へのコメント審議 → ISO ガイド 83 最終案策定 ＊"リスク"の定義を 31000 準拠から SL 独自に変更
2012 年 2 月	第 53 回 TMB	ジュネーブ	ISO ガイド 83 を承認，附属書 SL とすることを決定
4 月	附属書 SL 公開		

（注）TG：タスクグループ

表 2.2　2009 年 4 月時点の高次構造と細分箇条構成案

1　組織の状況	4　運　用
1.1　組織とその状況の理解	4.1　運用の計画と管理
1.2　利害関係者からのニーズと要求事項	4.2　不適合の管理
1.3　MS の適用範囲	5　パフォーマンス評価
2　リーダシップと計画	5.1　監視及び測定
2.1　マネジメントシステムの開発	5.2　監　査
2.2　方　針	5.3　分析及び評価
2.3　マネジメントの責任／コミットメント	5.4　マネジメントレビュー
2.4　目的及びその達成計画	6　改　善
3　支　援	6.1　是正処置
3.1　資源の提供	6.2　予防処置
3.2　力量と訓練	6.3　継続的改善
3.3　認　識	
3.4　コミュニケーション，文書／情報及びデータ	

報告を行った．JTCG としては，共通要求事項と共通用語の定義のテキストの完成は 2012 年ごろを想定していた．TMB は，HLS を承認するとともに，2010 年 12 月までに細分箇条及びそのテキストの作成を完了するよう指示した．これは JTCG にとっては想定外の日程変更であった．

TMB 決議を受けて JTCG は作業を加速し，2010 年 3 月にタスクフォース会合を，同年 5 月には第 7 回会合を開催し，用語の定義などを含むテキスト全体のドラフトを作成して関係する専門委員会に意見照会のため回付した．この段階での細分箇条構成を，**表 2.3** に示す．

本書のテーマではないが，この時点で"文書化した情報"という用語が登場し，経営者のコミットメント（5.2）では"事業プロセスへの統合"が規定された．肝心のリスクに関しては，第 7 回会合において，TC 223（社会セキュリティ，2014 年 6 月に TC 292 に改組）から"リスク"の概念を導入するよう提案があったが，リスクの概念の多様性や，認証用規格としての検証可能性

表2.3　2010年5月時点の高次構造と細分箇条構成案

4	組織の状況	7.2	力量
4.1	組織とその状況の理解	7.3	認識
4.2	ニーズ及び要求事項	7.4	コミュニケーション
4.3	マネジメントシステムと適用範囲	7.5	文書化した情報
5	リーダシップ	8	運用
5.1	一般	8.1	運用の計画と管理
5.2	経営のコミットメント	9	パフォーマンス評価
5.3	方針	9.1	監視及び測定
5.4	組織の役割，責任及び権限	9.2	内部監査
6	計画	9.3	マネジメントレビュー
6.1	目的及びその達成計画	10	改善
6.2	課題及び関心事への取組み	10.1	不適合及び是正処置
7	支援	10.2	継続的改善
7.1	資源		

に懸念が示されるなど合意が得られず，"**課題と関心事（issues and concerns）**"という表現が導入され，6.2 として組み込まれた．これに呼応して"予防処置"と題した細分箇条が姿を消した．**表 2.4** に 2010 年 5 月時点での箇条 4 及び 6 で規定された要求事項案を示す．

4.1 では，"期待される成果（expected outcome）"という表現が使用されている．この表現は，ISO MSS に対する"認証"の意味について，国際認定フォーラム（IAF）と ISO が 2009 年 7 月に共同で公表したコミュニケ"認定された認証に対して期待される成果"[*3]で使用されたものである．この表現は，利害関係者の視点に立脚した表現であるため，2010 年 10 月の JTCG 第 8 回会合で"意図する成果（intended outcome）"に変更された．

また，この時点では外部及び内部の"課題"ではなく，外部及び内部の"要因（factors）"という表現が使用されている．"課題"は，"課題と関心事"と

---

*3　ISO 9001 向けと ISO 14001 向けがあり，邦訳版は JAB のウェブサイトで公開されている．

表 2.4 2010 年 5 月時点の箇条 4 及び 6 の要求事項案

4　組織の状況 4.1　組織とその状況の理解	組織は，組織の目的に関連し，かつ，その XXX マネジメントシステムの期待される成果を達成する組織の能力に影響を与える，外部及び内部の要因（factors）を決定しなければならない． 　これらの要因は，組織の XXX マネジメントシステムを確立し，実施し，維持するとき，及び優先順位を割り当てるとき，考慮にいれなければならない． 注記　全ての形態，規模及び複雑さの組織は，機会，変化及びリスクに左右される状況の中で操業しており，その結果，組織の短期及び長期の計画を通じて，マネジメントシステムを革新し，維持し，及び／又は有効性を改善するために，このような情報を評価する．
4.2　ニーズ及び要求事項	XXX マネジメントシステムを確立するとき，組織は，次の事項を決定しなければならない． — 関連する利害関係者 — 法的要求事項を含む，彼らのニーズ及び要求事項 注記　ニーズのバランスは，例えば，消費者，オーナー，社会等の利害関係者のニーズに，組織が適切な重みを与えることで達成される．
4.3　マネジメントシステムと適用範囲	組織は，この国際規格の要求事項に従って，XXX マネジメントシステムを確立し，実施し，維持し，改善しなければならない． 　組織は，次の事項を考慮し， — 4.1 に規定する外部及び内部の要因 — 4.2 に規定するニーズ及び要求事項 次の事項のために，課題及び関心事を決定しなければならない． — MS が期待される成果を達成する — 好ましくない影響を防止する — 改善のための機会に取組む XXX マネジメントシステムの境界及び適用可能性が，内部及び外部の利害関係者に明確にコミュニケートできるように，組織は，XXX マネジメントシステムの適用範囲を決定し，文書化した情報を保持しなければならない．
6　計画 6.1　目標及びその達成計画	（省　略）
6.2　課題と関心事への取組み	組織は，XXX マネジメントシステムの期待される成果を達成する組織の能力に影響を与える，4.3 で特定した課題及び関心事への取組みを決定しなければならない． 　組織は次の事項を行う． a）これらの課題及び関心事への取組みを計画するニーズを評価する． b）必要な場合， — 取組みを XXX マネジメントシステムプロセスに統合し実施する． — 取組みの有効性を評価する情報が得られることを確実にする．

いうフレーズの中で，後の附属書SLの"リスク及び機会"に近い意味で使用されている．表2.4の4.1に掲載されている注記には，外部及び内部の要因を決定する必要性について，"機会，変化及びリスク"に対応するためであることが述べられており，後の附属書SLによる"組織の状況"と"リスク及び機会への取組み"の一体的なとらえ方に至る萌芽を見ることができる．

"課題と関心事"に関する要求事項は，4.3と6.2に分散して配置されており，4.3では"課題と関心事"の決定までを規定し，6.2でそれに対する取組みが規定されている．これらの内容を合わせて読むと，後の附属書SLの6.1（リスク及び機会への取組み）の要求事項にかなり近づいていることがわかる．

"リスク及び機会"というフレーズが登場するのは，関係する専門委員会から収集されたコメントを審議し，用語の定義と要求事項のテキストの最終案を取りまとめた2010年10月の第8回会合である．この段階で"課題と関心事"が"リスク及び機会"に変更され，それに関する要求事項は6.1に集約されて，現在の附属書SLの構成になった．翌2011年2月のTMB会合でJTCGによる共通要求事項及び用語の定義のテキストが承認され，これを"ISOドラフトガイド83"として投票に付すことが決議された．

ISOドラフトガイド83は，2011年5月から9月まで4か月間の投票に付され，僅差で可決された．投票とともに各国から提出されたコメントを踏まえ，JTCGは2011年12月に第9回会合を開催してテキストを修正し，ISOガイド83の開発を終えた．"リスク"の定義から"目的に対する"が削除されたのは，この第9回会合である．2012年2月，TMBは"ISOガイド83"を承認するとともに，その内容をISO/IEC専門業務用指針・統合版ISO補足指針の中に"附属書SL"として組み込むことを決議した．附属書SLを包含したISO/IEC専門業務用指針・統合版ISO補足指針は，2012年4月30日にISOから一般公開された．

なお，附属書SLの適用が義務付けられた2012年以降，様々なMSSへの適用経験を積み重ねる中で，附属書SLのマイナーチェンジが継続的に実施されているため，発行済のMSS間でも発行時期によってマイナーな違いがある．ISO

14001:2015及びISO 9001:2015は，2015年版の附属書SLに準拠している．

2.3　リスクの概念

"リスク"という用語の定義は分野によって違いがあり，附属書SLでも分野固有の定義が必要な場合があることに特に言及している（本書2.1参照）．

リスクには，大別すると二つの概念がある．一つは，"安全"や"セキュリティ"といった分野で一般的なように，リスクは被害や損害が発生する可能性という**マイナスの意味でのみ使用されるもの**である．もう一つは，"経営"や"ビジネス"の分野で見られるように，**損失と利益の双方の可能性があること**をリスクと表現するものである．

"ハイリスク・ハイリターン"という言葉があるが，新製品の開発リスクとか，株式投資のリスクという場合，損失と利益の双方の可能性，すなわちマイナス面だけでなく，プラス面の不確実性も含めて"リスク"と表現される．

保険業界では，前者を**"純粋リスク"**，後者を**"投機的リスク"**と分類し，かつては保険の対象になるのは"純粋リスク"だけであるとされていたが，現在のリスクファイナンスの世界では，こうした単純な分類が適用できなくなっている（コーヒーブレイク11参照）．

経営やビジネス分野でも，組織の内部統制などの"守り"の分野では，マイナスの影響が組織に及ぶ可能性だけをリスクといい，プラスの影響の可能性は"機会"と表現する場合もある（表2.5及び表2.6参照）．

内部統制やマネジメントシステムの世界では，その適用分野（領域）固有に潜在する**"固有リスク"**と，内部統制やマネジメントシステムに内在する**"統制リスク"**という分類がある．"固有リスク"と"統制リスク"という概念（用語）は，監査論の世界で誕生したものであるが（本書第6章参照），附属書SLが規定するリスクを理解するうえでも有用な考え方である．附属書SLのFAQ 12項には，次のような解説が掲載されている．

12. リスクはどのように扱われているのか.

　リスクの議論については，各 TC/SC/PC が，それぞれの MSS の適用範囲，各分野に関連するリスク，及びマネジメントシステム自体が有効でなくなるというリスクに基づいて，対応することになる．各分野で，正式な"リスクマネジメント"のアプローチの必要性を明確にすることが望ましい．

　この解説で，"各分野に関連するリスク"が"固有リスク"，"マネジメントシステム自体が有効でなくなるというリスク"が"統制リスク"に対応する．この分類に基づく実務面での具体的な事例は，本書 3.3 で詳しく述べる．

　リスクの種類（分類）については様々な分類がなされており，標準化された分類法はない．**表 2.5** に ISO 規格での定義を中心に主なリスクの定義を示す．

　COSO の内部統制の統合的枠組では，リスクはマイナスの意味で定義されている．AS/NZS 4360:1995 は，オーストラリアとニュージーランドが策定した世界初のリスクマネジメントに関する国家規格である．ここでのリスクの定義は，プラス・マイナスのない中立なものとなっている．

　ISO/IEC ガイド 51 は，"安全側面—規格への導入指針"と題した国際規格で，ISO だけでなく，電気分野の国際標準化を担う IEC（国際電気標準会議）と共同で策定されたものである．この規格では，安全分野の規格策定者が共通の用語（概念）を用いて規格を開発できるように，基本となる用語の定義や概念を定めている．ISO/IEC ガイド 51 は，初版が 1999 年に策定され，2014 年に改訂版が発行された．ここでのリスクの定義は，"危害"の可能性に焦点を絞っており，プラスの考え方は完全に排除されている．電気安全や機械安全を定めた製品規格は多数あるが，"安全"という領域では，リスクをマイナスの意味に限定して使用するのは当然であろう．

　続く ISO/IEC ガイド 73:2002 は，"リスクマネジメント—用語"と題した規格で，やはり ISO と IEC が共同で 2002 年に策定した．この定義も AS/NZS 4360 と同様に中立な定義で，"事象"を"危害"に置き換えれば，ISO/IEC ガイド 51 の定義になる．ところが，ガイド 73 の 2009 年改訂では，定

表 2.5　代表的なリスクの定義

出　典	定　義
COSO 内部統制の統合的枠組 （1992 年制定, 2013 年改訂）	目的の達成を阻害する影響を与える事象が生じる可能性
AS/NZS 4360:1995 （1999 年，2004 年改訂）	目的に影響を与える何かが発生するチャンス．それは，結果と起こりやすさから測定される．
ISO/IEC ガイド 51 （1999 年制定, 2014 年改訂）	危害の発生確率及びその危害の度合いの組合せ 注記　発生確率には，ハザードへの暴露，危険事象の発生，及び危害の回避又は制限の可能性を含む．
ISO/IEC ガイド 73:2002	事象の発生確率と事象の結果の組合せ
ISO ガイド 73:2009 （ISO 31000:2009）	目的に対する不確かさの影響． 注記 1　影響とは，期待されていることから，好ましい方向及び／又は好ましくない方向にかい（乖）離することをいう． 注記 2　目的は，例えば，財務，安全衛生，環境に関する到達目標など，異なった側面があり，戦略，組織全体，プロジェクト，製品，プロセスなど，異なったレベルで設定されることがある． 注記 3　リスクは，起こり得る"事象"及び"結果"，又はこれらの組合せについて述べることによって，その特徴を示すことが多い． 注記 4　リスクは，ある事象（その周辺状況の変化を含む．）の結果とその発生の"起こりやすさ"との組合せとして表現されることが多い． 注記 5　不確かさとは，事象，その結果又はその起こりやすさに関する，情報，理解又は知識に，たとえ部分的にでも不備がある状態をいう．
附属書 SL（2012 年制定）	（本書 2.1 本文参照）

義の本文は中立に見えるが，注記 1 を読むと"好ましい方向への乖離"という概念が"好ましくない方向への乖離"と並列で述べられていることから，安全分野などでは使用できない定義になってしまった．これに対して，IEC から強い懸念が表明されたが受け入れられなかったため，IEC が離脱して 2009 年改訂版は ISO 単独の指針になった．なお，ISO ガイド 73:2009 の定義は，ISO 31000:2009 の定義と同じものである．

附属書SLのリスクの定義は，ISOガイド73：2009の定義を基本としつつ少し変形したものである．以下，附属書SLとの対照でガイド73という場合，ISOガイド73：2009を指すものとして解説する．

　まず，定義本文では，ガイド73の定義から"目的に対する"という部分が削除されている．この削除は，附属書SL開発の最終段階で行われた．MSSでは，"目的（objectives）"と記載すると，"XXX目的・目標"（環境目標や品質目標など）という狭い意味で理解されてしまう恐れがあることから削除されたものである．リスクの定義から"目的"が削除されたことに伴い，附属書SLではガイド73のリスクの定義の注記2が削除され，この結果，**リスクには全社の戦略レベルのものから部門又は事業所の操業レベルのものまで，組織構成に対応した"階層"がある**ということが見えづらくなってしまった．

　注記1は，ガイド73と附属書SLで同一である．ここでは"**期待されていることから乖離すること**"という意味が，しばしば規格利用者に混乱をもたらしているようである．

　"期待されていること"の例として，企業の業績予測，すなわち年度初めに設定し株主などに公表する売上や利益目標は，あくまで予測であり達成が約束されたものではない．むしろ計画どおりにいかない（乖離する）ことのほうが多いだろう．上場企業なら四半期ごとに業績目標の見直しが行われる．"中国経済の減速により"とか，"為替レートの変動が当初予測の幅を超えたため"などの理由で，業績予測を下方修正又は上方修正することがしばしば行われる．

　期待からの乖離とは，こうした"下振れ"又は"上振れ"のことである．そしてこの乖離が，"影響"であると注記1はいっている．"影響"には，その大きさ（著しさ）がある．どのくらい乖離が大きいかで，影響の大きさも変わるだろうが，影響の大きさは組織ごとに異なるだろう．

　ところで，乖離は"好ましい方向"と"好ましくない方向"というように，"方向"だけで決まるだろうか？

　"好ましい方向"でも，その"程度"次第で，想定内の好ましい方向への乖離は歓迎しても，大きすぎる乖離は好ましくないものになる場合もある．例え

ば，新製品発売にあたって売上げ予測に基づき生産準備をしている場合，売れ行きが伸びるのはよいが，それが予測の数倍ということになると生産が対応できない．その結果，品切れ，納品が数か月待ちという状況に陥ると，消費者は怒って離れてしまうという好ましくない結果になるかもしれない．実務では，このようなシナリオを考慮しておかなければならないケースもあるだろう．

ガイド73の注記2は，附属書SLでは削除され，注記5が附属書SLの注記2に移動している．附属書SLの注記2（ガイド73の注記5）は，リスクの概念を正しく理解するうえでも，また，組織でリスクの考え方を適用するうえでも極めて重要なことを述べている．

すなわち，"不確かさ"は，情報，知識の不備に起因するということである．いかなる組織も個人も未来に関しては100％確実な情報や知識を持つことができない以上，未来は全てリスクである．ただし，リスクは全て未来のことに限定されるわけではない．現在，更には過去のことでも，情報が不完全な中で何かを決定・判断・推定する場合には，それが誤りであるリスクがある．例えば，邪馬台国が北九州にあったと断定することにはリスクがある．

情報の不完全性については，"例え部分的にでも"という言葉が添えられているが，部分的ではなく全く情報や知識がなければ，"不確かさ"すら認識できない．すなわちリスクがあるかどうかもわからないということだ．そういう領域では，全てが想定外となり，マネジメントの対象になり得ない．このようなリスクマネジメントの限界については，本書第7章で述べる．

ISOガイド73及び附属書SLの注記3と4は同一で，ISO/IECガイド73：2002のリスクの定義の延長上にあり，本書2.5で述べる，リスク及び機会の決定プロセスの基礎となる内容である．

リスクの定義の本文や注記1は抽象的な概念を述べているが，リスク分析で用いる"リスクレベル"に関しては，"結果とその起こりやすさとの組合せとして表される，リスク又は組み合わさったリスクの大きさ"と定義されており（ISO 31000の2.23），これはISO/IECガイド73：2002のリスクの定義と変わらない．ISOガイド73のリスクの概念は抽象的になったが，実務では結

局のところ変わりはない．

　附属書SLで，ISOガイド73のリスクの定義を変更したことや"リスク及び機会"という表現を用いたことに関して，リスクマネジメントの専門委員会（TC 262）の委員長が"重大な問題がある"と公式の場で表明している．この問題については，**コーヒーブレイク3**で紹介する．

コーヒーブレイク 3

附属書SLにおけるリスク及び機会の規定の問題点

　2013年5月に，カナダのトロントで開催された第2回ISO 31000国際会議で，リスクマネジメントの規格を所管するISO/TC 262の委員長であるケビン・ナイト氏（オーストラリア）が"リスクのマネジメントとマネジメントシステム規格における役割"と題する講演を行った．同氏は，附属書SLにおけるリスクの扱いについて，次の二点を重大な誤りであると指摘した．

① 附属書SLのリスクの定義で，"目的に対する"を削除したこと．
　"○○に対する"という対象を伴わない"不確かさの影響"という表現は意味をなさない．
② "リスク及び機会"という表現を使用したこと．

　ISO 31000では"リスク及び機会"という表現は一切使用しておらず，"機会"の対となるものは"脅威"である．"リスク及び機会"の"リスク"をその定義の文章で置換すればわかるように，この表現は定義と整合しない．表2.5（前出）に示したCOSOの定義であれば，"リスク及び機会"という表現と整合する．すなわち，"純粋リスク"の概念なら"機会"と対置できるが，"投機的リスク"の概念では対置できないのである．2015年3月に開催されたJTCG会合において，"リスク及び機会"という表現は直ちに"脅威及び機会"に変更するようナイト氏から提起され，議論された．しかしながら，ISO 9001もISO 14001も改訂プロセスの最終段階に入っていたため，この時点での変更は見送りとなった．

　"リスク及び機会"という表現の変更の必要性については，ISO 9001を所管するTC 176/SC 2委員長のナイジェル・クロフト氏やISO 14001の2015年改訂WG主査のスーザン・ブリックス氏も認識を共有しており，2017年にスタートする予定の，附属書SLの改訂プロセスでの審議の行方が注目される．

2.4 機会の概念

"機会"という用語は,附属書SLでもISO 31000でも定義されていない.ISO MSSでは,後述するように,ISO 14001:2015で"リスク及び機会"というフレーズが一括して定義されている.

ISO規格では,定義されていない言葉は一般の辞書に記されている意味で理解することになっており,辞書により一様ではないが,機会の定義はおおむね"**ある状況が,何かを行う又は達成を可能にするような時**"というように説明されている.機会という用語は定義されていなくとも,例えばISO 14001:2004の4.6(マネジメントレビュー)で,"EMSの改善の機会及び変更の可能性の必要性の考慮を含むこと"という要求事項があり,ISO 9001:2008でも"改善の機会"の評価が,従来から要求事項になっていた.

リスクと機会は対照関係ではないが,相互に関連がある."機会"に対して,ISO以外の文書を含めた主な定義や解説を**表2.6**に示す.COSO ERM(コーヒーブレイク1参照)の機会の定義は,表2.5に示したCOSOのリスクの定義と対照関係になっている.

ISO 31000及びISOガイド73では,リスクをマイナスの影響を及ぼす可能性に限定する"純粋リスク"としてとらえるのではなく,プラス,マイナス双方の影響を及ぼす"投機的リスク"の概念でとらえている.コーヒーブレイク3で述べたように,"投機的リスク"の概念でリスクを定義すると,リスクと機会を対置して理解することが困難になる.ISO 31000:2009の序文で"機会及び脅威の特定を改善する"と述べ,ISO/TR 31004:2013の附属書A.2では"リスクは,組織を,脅威,機会又は双方に晒し得る"と説明しているように,ISO 31000では"脅威"と"機会"を対置し,"リスク"は脅威と機会の双方にかかわる"不確かさ"ととらえている.

表2.6 機会の定義又は概念の説明例

出 典	定 義
COSO ERM （2004年制定）	目的の達成にプラスの影響を及ぼす事象が生じる可能性
ISO 31000：2009	序文（抜粋） 　リスクの運用管理がこの規格に従って実践され，維持されると，組織は例えば，次の事項を行うことができる． ―　機会及び脅威の特定を改善する． 2.25　リスク対応（抜粋）注記1 　リスク対応には，次の事項を含むことがある． ―　ある機会を追及するために，リスクを取る又は増加させること． 5.4.2　リスク特定（抜粋） 　ある機会を追求しないことに伴うリスクを特定することが重要である．
ISO/TR 31004：2013 （ISO 31000実施の手引）	附属書A　基本的な概念と原則　A.2 リスクと目的（筆者仮訳） 　リスクは，好ましい又は好ましくない結果をもたらし得るという理解はマネジメントによって理解されなければならない中心的で不可欠な概念である．リスクは，組織を，機会，脅威，又は双方に晒し得る．
附属書SL コンセプト文書	6.1　リスク及び機会への取組み　手引，例又は注釈（抜粋） 　"リスク及び機会" を規定していることの意図は，有害若しくはマイナスの影響を与える脅威をもたらすもの，又は，有益若しくはプラスの影響を与える可能性のあるものを広く示すことである．
ISO 9001：2015	0.3.3　リスクに基づく考え方（抜粋） 　機会は，意図した結果を達成するための好ましい状況，例えば，組織が顧客を引き付け，新たな製品及びサービスを開発し，無駄を削減し，又は生産性を向上させることを可能にするような状況の集まりの結果として生じることがある． 　機会への取組みには，関連するリスクを考慮することも含まれ得る．リスクとは，不確かさの影響であり，そうした不確かさは，好ましい影響又は好ましくない影響をもち得る．リスクから生じる，好ましい方向へのかい（乖）離は，機会を提供し得るが，リスクの好ましい影響の全てが機会をもたらすとは限らない．
ISO 9001：2015 支援文書： **ISO 9001：2015** におけるリスクに基づく考え方	リスクに基づく考え方とは（抜粋） 　ISO 9000：2015では，リスクと機会とがしばしばセットになって出てくる．機会は，リスクの好ましい面ではない．機会は，何かを行うことを可能とする一連の状況である．機会を捉えるか捉えないかということで，様々なレベルのリスクが現れる．（中略） 　リスクに基づく考え方は，現在の状況と変化の可能性の両方を考慮するものである．

附属書SLのコンセプト文書による説明でも"脅威"という言葉が使用されている．"リスク及び機会"を規定していることの意図を説明する部分で，"有害若しくはマイナスの影響を与える脅威をもたらすもの"では，"影響を与える脅威"という表現で，"影響"と"脅威"が直結している．一方，"機会"という言葉の使用を避けているが，"有益若しくはプラスの影響を与える可能性のあるもの"という表現の中の"もの"が，文脈からみて"機会"であろう．ここでは，"影響"と"もの"の間に，"可能性"という言葉が挿入されている．すなわち，"機会"と"影響"は直結せず，"機会"をとらえて何かをなす場合に"影響"とつながるのである．

　リスクは，それが現実のこととなると，例えば巨大な台風が上陸するとか，株が暴落もしくは暴騰するというようなことが実際に起こってしまうと，それに晒される人や組織は何らかの影響（被害や損害又は利益）を受ける．一方，機会は，それが到来しても，その機会をとらえて何らかの行動（例えば投資を実行する）をとらなければ，自動的に好ましい影響を与えてくれるわけではない（本書第1部A3，A4参照）．

　ISO 9001でもISO 14001でも，改善の機会を考慮することが従来から要求されていたが，改善の機会を見いだしても，それが本当に改善をもたらすかどうかはわからない．機会には，それが必ずしも好ましい結果をもたらすかどうかわからないリスクがあるという認識は重要である．

　本書2.3で，リスクに関して"固有リスク"と"統制リスク"に分けて考えることが有用であると述べたが，機会に対しても同様の区分が適用できる．これについては，本書3.3で詳しく解説する．

　最後に，機会について詠んだ歌が万葉集にあるので，**コーヒーブレイク4**で紹介する．

コーヒーブレイク 4

額田王が詠んだ "機会"

万葉集収録の，額田王(ぬかたのおおきみ)が詠んだ歌をご存じの読者は多いだろう．西暦661年，百済からの要請を受けた斉明天皇の新羅遠征の途中，四国の熟田津(にきたつ)（現在の愛媛県松山市付近といわれる）という港で，船が出航するのに最適な条件が整うときを待っている．夜だから，月が出て海面が明るく照らされることと，潮の流れが予定する航路に沿った方向になることが条件である．

そして，いよいよ月が出て，潮流の方向も好ましい状態になってきた．"さあ，今だ，出航の機会は！"と，待ちに待ったときを迎えた喜びをうたっている．

この歌にあるように，人は"機会"となる条件や状態をあらかじめ認識したうえで，"機会"の到来に備えている．機会を待っている間は"機会"は未来にあり，いよいよ出航の決断をするときには"機会"は現在にある．

時折，"リスク"は未来だが，"機会"は現在であるという誤った解釈に遭遇する．スピーチの冒頭で"発言の機会をいただき，…"というときの"機会"は現在既に到来している状態であるが，"次の機会を待とう"というときの"機会"は未来にある．

> 熟田津に　船乗りせむと　月待てば
> 潮もかなひぬ　今は漕ぎ出でな
>
> 額田王歌

2.5 "リスク及び機会"の決定プロセス

附属書SLのリスク及び機会に関する要求事項について，附属書SLコンセプト文書は次のように述べている．

6.1 リスク及び機会への取組み（抜粋）

附属書SLでは，6.1でリスクへの取組みを要求しているが，リスクマネジメント，リスクアセスメント又はリスク対応については要求していない．リスクに対する正式な取組みが必要なMSSの場合，そのMSSは，"リ

スクマネジメント"アプローチの必要性を明確にし，リスクアセスメント及びリスク対応に関するテキストの配置（すなわち，箇条6に記載するのか，箇条8に記載するのか，又は両方に記載するのか）に関して合意することが望ましい．

ここで"リスクに対する正式な取組み"とは，ISO 31000によって規定されるリスクマネジメントの枠組とプロセスに準拠したものを指している．

ISO 14001：2015 や **ISO 9001：2015** は，それぞれの附属書Aの中で次のように明記しており，**正式なリスクマネジメントプロセスは要求していない**．

ISO 14001　附属書 A.6.1　リスク及び機会への取組み（抜粋）

リスク及び機会は，決定し，取り組む必要があるが，正式なリスクマネジメント又は文書化したリスクマネジメントプロセスは要求していない．

ISO 9001　附属書 A.4　リスクに基づく考え方（抜粋）

6.1は，組織がリスクへの取組みを計画しなければならないことを規定しているが，リスクマネジメントのための厳密な方法又は文書化したリスクマネジメントプロセスは要求していない．

ISO 9001やISO 14001では正式なリスクマネジメントプロセスは要求されていないとはいえ，ISO 31000が規定するプロセスの要点を理解しておくことは，組織内でリスク及び機会に関する要求事項を実務に展開していくうえで参考になるはずである．**図 2.2** に，**ISO 31000 が規定する正式なリスクマネジメントプロセスと，そのポイント**を示す．

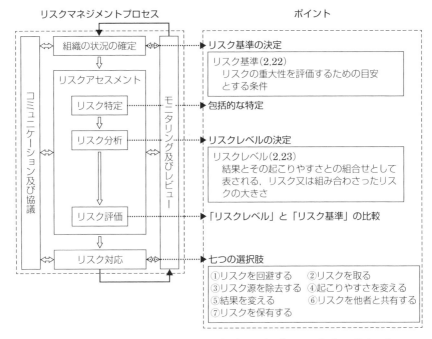

図 2.2　ISO 31000 によるリスクマネジメントプロセスとそのポイント

(1) 組織の状況の確定

まず，リスクアセスメント（リスクの特定・分析・評価）に入る前に"組織の状況の確定"が配置されていることが重要である．

組織の状況の確定は，リスクを特定する前提である．この概念も世界初のリスクマネジメント規格 AS/NZS 4360:1995 ですでに示されている．

ISO 31000 では，"組織の状況の確定"を通じて"リスク基準"を決定することが規定されている．リスク基準は，組織にとって何が重要なのかという根本的な価値判断の基準であり，それは組織の状況を理解することから得られるもので，組織の財務への影響といった単一の尺度に集約して規定される場合や，組織の社会的評価など，複数の尺度から構成される場合もある．組織の状況は刻々と変化しており，社会や人々の価値観や嗜好も変わり，法律や制度も変

わっていく．それゆえに，"リスク基準"は，"組織の状況"に関する知識に基づいて注意深く決定され，組織の状況変化に遅れないように，常に監視し見直すものである．附属書SLでは，**"リスク基準"の決定は要求されていないが，実務的には必要**であることを後述する．

(2) リスク特定

リスクアセスメントは，リスク特定から始まり，そこでは包括的な特定が強調されている．このことに関して，ISO 31000は次のように述べている．

5.4.2 リスク特定（抜粋）

　組織は，リスク源，影響を受ける領域，事象（周辺状況の変化を含む．），並びにこれらの原因及び起こり得る結果を特定することが望ましい．リスク特定のねらいは，組織の目的の達成を実現，促進，妨害，阻害，加速又は遅延する場合もある事象に基づいて，リスクの包括的な一覧を作成することである．ある機会を追求しないことに伴うリスクを特定することが重要である．包括的に特定を行うことが極めて重要である．なぜならば，この段階で特定されなかったリスクは，その後の分析の対象からは外されてしまうからである．

知らないこと，情報がないことに関してはリスクを認識できない．したがって，リスクの特定がどこまで可能かは，組織でリスクを特定する人々の知識と保有する情報のレベルにかかっており，特定されなかったことは全て想定外ということになる．先に述べたとおり，リスクには，組織全体の戦略レベルのものから，組織内の特定の機能，部門（又は事業所）の戦術レベルや操業レベルのものなどがあり，**組織の全ての機能，階層にリスク源がある**という前提で検討する必要がある．

(3) リスク分析

"リスク分析"では,特定したリスクのそれぞれについて"リスクレベル"を決定する.

2.23　リスクレベル（level of risk）

結果とその起こりやすさとの組合せとして表される,リスク又は組み合わさったリスクの大きさ.

(4) リスク評価

リスクアセスメントプロセス最後段の"リスク評価"は,各リスクの"リスクレベル"を先に設定した"リスク基準"に照らして,優先的に取組みが必要なリスクを選択する.リスクの特定,分析,評価など,リスクアセスメントの具体的な技法については,JIS Q 31010：2012（リスクアセスメント技法）に31種類の技法が詳しく解説されているので,参考にするとよい.

(5) リスク対応

取組みが必要なリスクを決定したら,その対応策について意思決定することになるが,ISO 31000ではリスク対策として七つの選択肢を提示している（図2.2参照）.

選択肢②の"リスクを取る"は,正確には"ある機会を追及するために,そのリスクを取る又は増加させる"と記載されており,いわゆる"ハイリスク・ハイリターン"という,投機的リスクの中心的な概念のことである.

選択肢⑥の"リスクを他者と共有する"には,（契約及びリスクファイナンシングを含む）というカッコ書きが伴っている.リスクファイナンスについては,本書5.5及びコーヒーブレイク11で解説する.

選択肢⑦の"リスクを保有する"は,正確には"情報に基づいた意思決定によって,そのリスクを保有する"と記されている.リスクがあることを認識したうえで何も対策をしないと決定することは,リスクを認識できないから何も

しないのとは全く異なる．

　"リスク対応"の選択は，**経営者の意思決定であり，リスクが大きいからといって必ず何かをしなければならないということではない**．選択の意思決定に正解はなく，経営者が決定して，それについての説明責任や結果責任は経営者が負う．経営者の意思決定の内容は，認証審査の審査対象ではない．

　附属書 SL では正式なリスクマネジメントプロセスは要求されていないが，組織が附属書 SL で要求されるリスク及び機会の決定を実務として実施する場合に，たとえ要求事項として明示されていなくても，必要となると思われることを図 2.2 のプロセスと対照して考えてみよう．

　まず，出発点となる"組織の状況"については，ISO 31000 と附属書 SL とで同じように見えるが，よく見ると違いがある．

　ISO 31000 では，組織の状況は組織が自らの目的を達成しようとする場合の外部環境，内部環境というところまで定義されている．しかし，附属書 SL では"XXX マネジメントシステムの意図した成果を達成する組織の能力に影響を与える"外部及び内部の課題を決定するところまで含んでおり，既述のように，"影響を与える"ということにはプラスとマイナスの影響があり，すでに"リスクの特定"まで含んでいると考えることもできる．このことは，4.1，4.2 と 6.1 の要求事項に適合するプロセスを組織が計画していく場合に認識しておくとよい．

　附属書 SL では，包括的なリスクの特定は求めていない．だが，あまりにも大雑把にとらえていると，リスク及び機会への取組みの有効性が低下するので，やはり取り組む必要があるか否かを判断する前に，些細と思われることでも，可能な限り課題は網羅的に抽出しておくほうがよい．

　附属書 SL では，組織の状況で決定した外部・内部の課題や利害関係者のニーズ及び期待から生起するリスク及び機会に対して，ISO 31000 のようにリスク基準の決定やリスクレベルの分析・評価は明示的に要求されていないが，"取り組む必要がある"リスク及び機会を決定しなければならない．

すなわち，4.1及び4.2で決定した，組織に良くも悪くも影響を与える可能性があるもの（すなわちリスク及び機会）の中から**"取り組む必要がある"もの を決定する**．

　リスク及び機会の決定は，一度決定すれば終わりではなく，マネジメントレビューでそれらの変化をレビューすることが要求されている．実際の場面では，組織の状況変化に伴って"リスク及び機会"も変化するので，ISO 9001：2015の4.1及び4.2で付記されているように，変化する情報を監視しレビューする仕組みが必要である．初回の決定でも，変化に対応した見直しにおいても，何をもって"取り組む必要がある"と判断するのか，その判断基準が定められていないと，一貫性と整合性をもって"取り組む必要がある"リスク及び機会を決定することはできない．

　"取り組む必要がある"リスク及び機会を決定するための基準は，ISO 14001において初版から2004年版まで，環境側面の中から著しい環境側面を決定するための"著しさ"の基準が，要求事項の中には明示されていなかったことに似ている．

　しかしながら，ISO 14001の認証審査が始まった当初から，審査機関は組織に対して，"著しい"という判断はどのような基準を適用して決定しているのかを問うことが当たり前になり，その結果，ほぼ全ての認証組織で"著しさ"の基準が整備されるようになった．

　ISO 14001では，2015年改訂でようやく"著しさ"の基準を設定することが明示的な要求事項になったが，ほとんどの組織にとって，もはや新しい要求事項ではない．"取り組む必要がある"リスク及び機会の基準も，今後同じような道をたどるだろう．**規格が規定するまでもないことや，EMSが有効に機能するために当然必要な要素は，組織が自主的に織り込むべきである．**

第3章

ISO 14001 と"リスク及び機会"

3.1　2015年改訂における"リスク及び機会"検討の経緯

ここでは，第2章で解説した附属書SLをベースとして，ISO 14001：2015のリスク及び機会に関する要求事項が策定された経緯について述べる．経緯を知ることで，これらの要求事項の理解が深まることを期待している．

表3.1に，ISO 14001の2015年改訂作業を通じた6.1（リスク及び機会への取組み）の構成と，中核となる要求事項の変化の経緯を示す．

附属書SLでは，リスクと機会に関する要求事項は，**4.1**，**4.2**と**6.1**が密接につながる形で**構成**されており，この基本構造はISO 14001：2015でも同じである．ISO 14001：2015では，4.1と4.2においてもEMS固有の要求事項が付加されているが，それらはリスク及び機会の概念に大きな影響を与える内容ではないので，**本節では6.1の変遷に焦点を絞って解説し，4.1や4.2のEMS固有の変更点については次節で解説する**．

2012年2月の改訂WG（ISO/TC 207/SC 1/WG 5）初会合から，リスク及び機会の要求事項に関連してまず議論になったのは，2004年版の環境側面に関する要求事項（4.3.1）と法的及びその他の要求事項（4.3.2）は，附属書SLの4.1及び4.2，又は6.1のいずれに配置するかという問題である．2012年6月の第2回WGで6.1派が優勢となり，同年9月の第3回WGで6.1の中にこれらを包含することが事実上決定した．しかし，附属書SLにより導入された"リスク及び機会"と，"環境側面"や"法的及びその他の要求事項"との関係については様々な意見があり，合意に至ったのは，2015年2月に東京で

表 3.1　ISO 14001 2015 年改訂でのリスク及び機会に関する検討の経緯

作業段階	6.1 の構成	要求事項のポイント（抄訳）
2012 年 7 月 第 2 次作業原案 （**WD 2**）	6.1 は細分化されていない	組織は，著しい環境側面と法的及びその他の要求事項を満たすことに関連する，組織リスク及び機会を決定しなければならない．
2012 年 10 月 第 3 次作業原案 （**WD 3**）	6.1.1　一　般 　（附属書 SL 6.1 の前半） 6.1.2　環境側面 6.1.3　法的及びその他の 　　　　要求事項 　（附属書 SL 6.1 の後半を 　　最後に配置）	組織は，4.1 に規定する状況及び 4.2 に規定する利害関係者のニーズ及び期待を考慮し，6.1.2 及び 6.1.3 で提示されるように，リスク及び機会を決定しなければならない．
2013 年 3 月 第 1 次委員会案 （**CD 1**）	同　上	組織は，4.1 に規定する課題及び 4.2 に規定する利害関係者のニーズ及び期待を考慮し，著しい環境側面（6.1.2 参照）及び適用可能な法的要求事項及び自主的義務（6.1.3 参照）から引き起こされるリスク及び機会，並びに EMS に関係するその他の事業リスク及び機会を決定しなければならない．
2013 年 10 月 第 2 次委員会案 （**CD 2**）	6.1.1　一　般 6.1.2　環境側面の特定 6.1.3　順守義務の決定 6.1.4　著しい環境側面及び 　　　　組織リスク及び 　　　　機会の決定 6.1.5　取組みの計画策定	(6.1.4) 組織は，著しい環境側面並びに組織リスク及び機会を決定しなければならない． （中略） 組織は，基準を確立し，著しい環境側面並びに組織リスク及び機会を決定するための手順を実施し，維持しなければならない．
2014 年 7 月 国際規格案 （**DIS**）	6.1.1　一　般 6.1.2　著しい環境側面 6.1.3　順守義務 6.1.4　脅威及び機会に関 　　　　連するリスク 6.1.5　取組みの計画策定	(6.1.4) 組織は，脅威と機会に関連するリスクを決定しなければならない．
2015 年 4 月 最終国際規格案 （**FDIS**）	6.1.1　一　般 6.1.2　環境側面 6.1.3　順守義務 6.1.4　取組みの計画策定	(6.1.1) 組織は，次の事項に関連するリスク及び機会を決定しなければならない． ―　環境側面 ―　順守義務 ―　4.1 及び 4.2 で特定したその他の課題及び要求事項

開催した第9回WG会合であった.

表3.1に示すように,第3次作業原案(WD 3)までは,リスク及び機会は,環境側面(6.1.2)と法的及びその他の要求事項(6.1.3)に関係するものとして扱われ,4.1や4.2で認識する組織の状況は,リスク及び機会の発生源としてではなくEMSの背景情報としてしかとらえられていない.2013年3月の第1次委員会案(CD 1)でようやく環境側面(6.1.2)と法的及びその他の要求事項(6.1.3)から生起するリスク及び機会に加えて,"その他の事業リスク及び機会"という第3のカテゴリーが登場した.

2013年10月の第2次委員会案(CD 2)では,6.1が五つに分割され,環境側面の特定(6.1.2)から"著しい環境側面"の決定が分離され,"組織リスク及び機会"の決定と合体して6.1.4に配置された.この時点の要求事項では,**表3.2**に示すように,環境側面の著しさの基準と,組織リスク及び機会を決定するための基準が一括して要求されていた.このような構成となったのは,著しい環境側面を決定するプロセスと,組織リスク及び機会の決定プロセスを,基準の確立を含め単一のプロセスにしたいとする意見(願望)が強かったためである.

基準の策定にあたっては,4.1に規定する課題,4.2に規定する利害関係者の要求事項,6.1.2に規定する環境影響の三つを考慮することとされた.著しい環境側面の決定のための基準は,環境影響に関連し,組織リスク及び機会の決定のための基準は,環境関連の課題が組織にもたらす潜在的な影響に関係するという注記が伴っており,"環境影響"と"組織への影響"を分けてとらえる考え方が登場している.この時点では,いずれの影響も"impact"という言葉を使用しており,後述する"impact"と"effect"という用語の使い分けはされていない.

組織はこれらの基準を個別にすることも,一体化することもできるとしており,"組織リスク及び機会"と"著しい環境側面"の分離は不十分で,これでは4.1や4.2で得られる戦略レベルの知識が十分に生かされない.

表 3.2 ISO 14001 改訂 第 2 次委員会案（CD 2）6.1.4 の要求事項

```
6.1.4 著しい環境側面並びに組織リスク及び機会の決定（日本規格協会仮訳による）

　組織は，次の事項のために取り組む必要がある著しい環境側面並びに組織リスク及び機会を決定しなければならない．
— 環境マネジメントシステムが，その意図した成果を達成できることを確実にする．
— 望ましくない影響を防止又は低減する．
— 順守義務を満たす．
— 継続的改善を達成する．
　これを達成するため，組織は，基準を確立し，著しい環境側面並びに組織リスク及び機会を決定するための手順を実施し，維持しなければならない．
　基準の策定において，組織は，次の事項を考慮しなければならない．
— 組織に影響を及ぼす環境状況を含む，4.1 に規定する課題
— 4.2 に規定する利害関係者の関連する要求事項
— 6.1.2 に規定する環境影響
注記 1　著しい環境側面の決定のための基準は，組織が環境にもたらす顕在の又は潜在的な影響に関係している．
注記 2　組織リスク及び機会の決定のための基準は，環境関連の課題が組織にもたらす潜在的な影響に関係している．
注記 3　組織は，基準を個別に開発及び適用することも，又は組み合わせて開発及び適用することもある．
　組織は，次に関する文書化した情報を最新の状態で保持しなければならない．
— 基準を確立するための手順，並びに著しい側面及び組織リスク・機会を決定するための手順
— 著しい環境側面並びに組織リスク及び機会を決定するために用いる基準
— 著しい環境側面並びに組織リスク及び機会
```

このため，2014 年 7 月の国際規格案（DIS）段階では，"著しい環境側面"が再び"環境側面"と合体して 6.1.2（著しい環境側面）となり，6.1.4 は"脅威及び機会に関連するリスク"として，リスク及び機会に関する要求事項が細分箇条として独立した．これに伴い，基準を求める要求事項は環境側面の著しさを決定するだけのものに戻ってしまった．

また，6.1.1（一般）で"EMS の計画を策定するとき，組織は 4.1 に規定する課題及び 4.2 に規定する要求事項を考慮しなければならない"と包括的に規定し，6.1.4 では組織の状況（4.1 及び 4.2）とリンクするテキストがないことから，この段階でもまだ"脅威及び機会に関連するリスク"の発生源が何なの

かが明確になっていない．

"脅威及び機会に関連するリスク"という表現をDIS段階で採用した理由は，コーヒーブレイク3で紹介した，附属書SLにおけるリスクの概念の問題点を解消するためである．2015年2月に東京で開催した第9回WG会合において，"脅威及び機会に関連するリスク"という表現は技術的には正しくとも，ISO 9001など他のMSSでは使用されておらず，MSS間の整合性向上やユーザにとっての理解容易性の観点からも問題が大きいという認識が共有された．

そこで，リスク及び機会の決定を要求することは，規格ユーザに対して何を求めているのか，できるだけ平易な言葉で表現することを目指して集中審議が行われた．この結果，"リスク及び機会"というフレーズを一括して定義するアイデアが浮上してきた．

最終的に，"リスク及び機会"は"潜在的な有害な影響（脅威）及び潜在的な有益な影響（機会）"と定義することで合意された．**ISO 14001：2015の要求事項では，"リスク"という用語を単独で使用している箇所はなく，全て"リスク及び機会"という表現が使用されている**．したがって，**ISO 14001：2015の要求事項を理解するには，"リスク"の定義（3.2.10）ではなく，"リスク及び機会"の定義（3.2.11）によらなければならない**．

ISO 14001：2015では，"リスク及び機会"は"脅威及び機会"と同じ意味となり，組織は"脅威及び機会"という意味で理解してもよい．

こうして，DIS段階で導入された"脅威及び機会に関連するリスク"という表現が附属書SLどおりの"リスク及び機会"に戻り，併せて"リスク及び機会"の発生源として"環境側面"，"順守義務"，"組織の状況（4.1及び4.2）"の三つがあるという最終合意に到達した．

3.2　ISO 14001：2015における"リスク及び機会"

既述のように，ISO 14001：2015では，"リスク及び機会"を次のように定義している．

3.2.11　リスク及び機会
潜在的で有害な影響（脅威）及び潜在的で有益な影響（機会）

"脅威"も"機会"も潜在的なもの，すなわち"不確かさ"があり，それらの影響を脅威又は機会と定義しているので，附属書SLコンセプト文書で示された"リスク及び機会"の概念とは整合している（本書2.4 表2.6参照）．

この定義においても，"潜在的"という意味は，"脅威"と"機会"では同じでないことは既述のとおりである．"脅威"は，それが顕在化すると影響も顕在化する．一方，"機会"は，都合の良い状況や時が顕在化しても，機会を活かす取組みが伴わなければ"影響"は生じない．

ISO 14001の附属書A.3では，"影響（effect）"は，"組織に対する変化の結果"と説明している．これによってリスク及び機会は，何に対する，誰にとってのものかといえば，"環境"ではなく，"組織"であることが明確に示されている．

本節では，上記の定義を踏まえて，リスク及び機会に関連する要求事項（4.1，4.2，6.1）において環境固有に追加された内容について確認し，リスク及び機会の決定やそれに対する取組みの決定の実務については，本書3.3～3.6で述べる．

4.1　組織及びその状況の理解　（注：下線が環境固有の追加部分）
　組織は，組織の目的に関連し，かつ，その環境マネジメントシステムの意図した成果を達成する組織の能力に影響を与える，外部及び内部の課題を決定しなければならない．こうした課題には，組織から影響を受ける又は組織に影響を与える可能性がある環境状態を含めなければならない．

外部及び内部の課題の認識に関して，"組織の影響を受ける可能性がある，又は組織に影響を与える可能性がある環境状態を含む"という規定が EMS 固有に追加されている．"環境状態"は，"ある特定の時点において決定される，環境の様相又は特性"と定義されている（3.2.3）．

従来の ISO 14001 は，組織が環境に与える影響を管理するための仕組みであったが，この追加規定によって，環境（とその変化）が組織に与える影響も管理すべき課題として認識することが求められるようになった．すなわち，組織と環境の間の影響の関係が，従来一方向であったものが，双方向になった．

4.2　利害関係者のニーズ及び期待の理解　（注：下線が環境固有の追加部分）

組織は，次の事項を決定しなければならない．

a）環境マネジメントシステムに関連する利害関係者
b）それらの利害関係者の,関連するニーズ及び期待（すなわち，要求事項）
c）それらのニーズ及び期待のうち，組織の順守義務となるもの

従来 ISO 14001 では"要求事項"という言葉は，"法的及び組織が同意するその他の要求事項"や"この規格の要求事項"という文脈で使用されており，組織にとっては"義務"となるものと理解されてきた．一方，附属書 SL では，"要求事項"はより広く"ニーズ又は期待"として定義されている．

組織に対する"ニーズや期待"が全て組織の義務となるわけではない．こうした理由で，ISO 14001:2015 では"ニーズや期待"を意味する要求事項から，"組織の義務となるもの"を分離するために"順守義務"という用語を定義し，4.2 においても，環境固有の要求事項として"順守義務"となるものを決定するブレットが追記された．

附属書 SL の 6.1（リスク及び機会）で規定される要求事項は，ISO 14001：2015 では，6.1.1（一般）と 6.1.4（取り組みの計画策定）に分割され，その間に 6.1.2（環境側面）と 6.1.3（順守義務）が差し込まれている．

本書は"リスク及び機会"を主題としているので，以下 6.1.1 と 6.1.4 に限定して解説する．

6.1.1 一般　（注：下線が環境固有の追加部分）

　組織は，6.1.1～6.1.4に規定する要求事項を満たすために必要なプロセスを確立し，実施し，維持しなければならない．

　環境マネジメントシステムの計画を策定するとき，組織は，次のa)～c)を考慮し，

　a) 4.1に規定する課題
　b) 4.2に規定する要求事項
　c) 環境マネジメントシステムの適用範囲

次の事項のために取り組む必要がある，環境側面（6.1.2参照），順守義務（6.1.3参照），並びに4.1及び4.2で特定したその他の課題及び要求事項に関連する，リスク及び機会を決定しなければならない．

— 環境マネジメントシステムが，その意図した成果を達成できるという確信を与える．
— 外部の環境状態が組織に影響を与える可能性を含め，望ましくない影響を防止又は低減する．
— 継続的改善を達成する．

組織は，環境マネジメントシステムの適用範囲の中で，環境影響を与える可能性があるものを含め，潜在的な緊急事態を決定しなければならない．

組織は，次に関する文書化した情報を維持しなければならない．

— 取り組む必要があるリスク及び機会
— 6.1.1～6.1.4で必要なプロセスが計画どおりに実施されるという確信をもつために必要な程度の，それらのプロセス

　6.1.1（一般）では，6.1全体を包含したプロセスの確立に関する要求事項をEMS固有に追記しており，プロセスの確立及び実施を求める要求事項を6.1.2～6.1.4で繰り返さないようにしている．

　"リスク及び機会"の発生源として，環境側面，順守義務並びに4.1及び4.2で特定したその他の課題及び要求事項，の三つがあることが明示されている．

そして，それらに起因するリスク及び機会で，かつ"取り組む必要がある"ものを決定することが求められている．

ISO 14001:2015 では，"望ましくない影響を防止又は低減する"という附属書 SL による規定に"外部の環境状態が組織に影響を与える可能性を含め"というフレーズを追記している．これは，例えば気候変動などが組織に与えるマイナスの影響について考慮することを意味している．

リスク及び機会を決定する方法は組織に任されており，組織の状況に応じて"単純な定性的プロセス又は完全な定量的評価を含めてもよい"と ISO 14001:2015 の附属書 A.6.1.1 で説明されている．

緊急事態の決定は，2004 年版では"緊急事態への準備及び対応"の中で特定することが要求されていたが，"緊急事態"は"リスク（脅威）"の一形態であることから，2015 年版では，緊急事態の決定までは 6.1.1 で要求し，"準備及び対応"に関する要求事項は 8.2 で規定している．

緊急事態については，"環境影響を与える可能性があるものを含め"と表現されていることから，それ以外の緊急事態，すなわち環境影響を与える事態に加えて，組織に影響を与える事態も含むことが示唆されている．例えば，環境への取組みに関して組織外に提供した情報が誤りであった場合など，誤りの内容と程度によっては社会的，あるいは法的に大きな問題となる場合がある．こうした問題をどこまで緊急事態として想定するかは組織が決定すればよい．

なお，6.1.2 の b) で，"非通常の状態及び合理的に予見できる緊急状態"を環境側面の決定において考慮に入れることが要求されているが，この要求事項と 6.1.1 による緊急事態決定との関係に関して，一部の規格ユーザの理解に混乱があるようである．8.2（緊急事態への準備及び対応）では，"組織は，6.1.1 で特定した潜在的な緊急事態への準備及び対応のために必要なプロセスを確立し，実施し，維持しなければならない"と規定されていることから明らかなように，緊急事態の決定を要求する主たる規定は 6.1.1 である．

6.1.1 では，"環境影響を与える可能性のあるものを含め"と明記されており，これが 6.1.2（環境側面）で言及される"緊急事態"を指している．6.1.2 での

緊急事態への言及は，"環境側面"の一つとして環境に影響を与える可能性がある緊急事態を考慮に入れて，その環境影響の著しさを検討することを求めている．これらの二つの要求事項は密接に関係しているので，一体として理解する必要がある．

ISO 14001：2015 の要求事項は，附属書 A.1 の次の説明を常に念頭に置いて理解していただきたい．

　この規格の要求事項は，システム又は包括的な観点から見る必要がある．利用者は，この規格の特定の文又は箇条を他の箇条と切り離して読まないほうがよい．箇条によっては，その箇条の要求事項と他の箇条の要求事項との間に相互関係があるものもある．

要求事項の最後に文書化した情報を求める規定があり，"リスク及び機会"に関する文書化した情報と，"6.1.1～6.1.4 までの要求事項を満たすために必要なプロセスが，計画どおりに実施されるという確信をもつために必要な程度の，文書化した情報"の維持が求められている．

どこまでのプロセスを"文書化した情報"とするかの判断は組織に任されている．組織の自由度はあるが，"必要な程度の"ということは，"必要な場合"という表現とは違い，全く文書化する情報が必要ないということは想定していない．

プロセスの運用に関する監視・測定項目や，計画どおりにプロセスが運用されているかどうかを判断するための基準などは，"情報"として利用可能な状態にしておかなければならない．すなわち，ここで要求される"文書化した情報"は"記録"ではなく，プロセスに関する規定内容である（必要なら記録を含んでもよい）．また，"維持"とは，情報を常に最新化しておく意味を含んだ表現である．

6.1.4　取組みの計画策定　（注：下線が環境固有の追加部分）

　組織は，次の事項を計画しなければならない．

　a) 次の事項への取組み

1) 著しい環境側面
　2) 順守義務
　3) 6.1.1 で特定したリスク及び機会
b) 次の事項を行う方法
　1) その取組みの環境マネジメントシステムプロセス (6.2, 箇条 7, 箇条 8 及び 9.1 参照) 又は他の事業プロセスへの統合及び実施
　2) その取組みの有効性の評価 (9.1 参照)
これらの取組みを計画するとき，組織は，技術上の選択肢，並びに財務上，運用上及び事業上の要求事項を考慮しなければならない．

　附属書 SL の 6.1 では，リスク及び機会への取組みの計画が求められているが，**ISO 14001：2015** では，"リスク及び機会"に加えて"著しい環境側面"，"順守義務"の三つの課題に対する取組みの計画が求められている．

　取組みの方法として，"EMS プロセス又は他の事業プロセスへの統合及び実施"に続いて 6.2, 箇条 7, 箇条 8 及び 9.1 を参照と付記している意図は，取組みには，環境目標に設定して改善を進める (6.2)，力量や認識を向上させる (7.2, 7.3)，運用計画及び運用管理の対象とする (8.1)，緊急事態への準備及び対応の中で扱う (8.2)，監視及び測定対象として推移をみる (9.1) など，様々な選択肢があることを示している．

3.3　"リスク及び機会"の特定

　ISO 14001：2015 では，正式なリスクマネジメントプロセスは要求されていない．とはいえ，EMS を最大有効活用するという観点にたてば，できるだけ幅広くリスク・機会を特定したほうがよい．リスク・機会は組織の全ての機能及び階層に潜在しており，組織全体にかかわるものや，複数部門にかかわるもの，更には部門のはざまにあって担当部門が明らかでないものもあり得る．

　このため，**組織の部門ごとにリスク・機会を特定するだけでなく，組織全体**

を俯瞰して特定する必要があるだろう．そのうえで重要なリスク・機会を決定するための"判定基準"を明確にして，"取り組む必要がある"リスク及び機会を決定する必要がある．これによってマネジメントの継続性と一貫性を確保するとともに，説明責任も果たすことが可能となる．判定基準の適切性，妥当性についても，組織の状況変化に対応して適時に見直すことが肝要である．

　ISO 14001：2015 では，リスク及び機会には三つの発生源がある．6.1.1 の要求事項に列挙される順番に従って，各リスク源から発生し得る"リスク及び機会"を決定するアプローチの例を，以下に紹介する．

(1)"環境側面"に関連するリスク及び機会の決定

　6.1.1 では，リスク源の一つとして"環境側面"があげられており，"著しい環境側面"とは記されていないことに注意する必要がある．

　"著しい環境側面は，著しい環境影響を与える又は与える可能性がある"と規定されている（3.2.2 注記 1）ため，環境に対する影響の大きさという単一の基準で"著しさ"を決定すれば，要求事項は満たしている．

　しかし，2004 年版の附属書 A.3.1 では，"著しい"と判断するための基準について"環境上の事項，法的課題及び内外の利害関係者の関心事に関係するような評価基準の確立及び適用を含むものであるとよい"と説明していた．

　"利害関係者の視点"など環境への影響以外の要素を考慮するということは，仮に環境への影響が著しくなくとも，利害関係者が高い関心を寄せる課題については"著しい環境側面"として取り上げるとよいという意味になる．"利害関係者の関心事"とは，今回の改訂規格の 4.2 で規定される"利害関係者のニーズ及び期待"と同じである．利害関係者のニーズや期待への対応が不十分であれば，仮に環境への影響は小さくとも，組織に対する社会的評価などの"組織に対する影響"は大きなものになる可能性がある．"著しさ"の基準の中に"環境に対する影響"だけでなく，"組織に対する影響"の視点を入れ込むことで，環境側面に関連する"リスク及び機会"の決定は"著しい環境側面"の決定に包含することも可能となる．これについて，ISO 14001：2015 の附属書 A.6.1.1

で次のような説明が掲載されている．

> 環境側面に関連するリスク及び機会は，著しさの評価の一部として決定することも，又は個別に決定することもできる．

環境側面の"著しさ"の評価に，組織に対する影響を加える考え方は，後出の**コーヒーブレイク5**に示すように，すでに2004年版の時代に実施例がある．

(2)"順守義務"に関連するリスク及び機会の決定

順守義務に関連するリスク及び機会には，次の二つが考えられる．

① 順守義務を満たすことができないリスク（脅威）と，先行して，又は効果的・効率的に順守義務を満たすことによる競争優位（機会）

② 順守義務の変化が組織にもたらすリスク及び機会

①の脅威は，管理の失敗（義務内容の理解不足，管理の不足，ヒューマンエラーなど）によるもので，本書2.3で述べた"統制リスク"である．統制リスクを最小化するためには，力量の向上（教育）やダブルチェックの徹底など，管理の仕組みの精緻化を図ることが求められる．①の機会は，その逆の面，"災い転じて福となす"ということである．

②のリスクのほうが，中長期的な組織の競争力にとって重大な影響を及ぼし得る．例えば，法律（制度）が変わる，新たな法律（制度）ができると，組織に様々な影響を与える．順守のために設備を改修したり，要員の教育訓練が必要になる場合もある．順守義務の変化を法律の制定過程のどの時点でとらえているか，それぞれの組織で再確認してみるとよい．

変化が大きく重要なものほど早く認識して対応準備を進めないと，対応が間に合わず，法令不順守状態になるリスクが増す． "順守義務"の決定を，法律が公布されてから実施しても施行までに対応すればよいという考え方もあるが，このような後追い対応に終始していては競争力向上にはつながらない．順守義務の変化動向を可能なかぎり早めにとらえ，かつ，その順守を考えるだけでな

く，それが自組織にもたらす脅威や機会まで一括して検討する必要がある．

(3)"その他の課題及び要求事項"に関連するリスク及び機会

組織の状況（内部及び外部の課題や利害関係者のニーズ及び期待）への対処のあり方が，組織に対してリスク及び機会をもたらし得る．事業環境の変化に気付かなかったり，利害関係者のニーズや期待に応えられない組織は，存続が困難になるだろう．

組織の状況の知識に基づいて，対処すべきリスクと機会を決定するプロセスは，普通の経営戦略決定プロセスそのものである．したがって，適用可能な実務的手法は数多あり，組織は経営企画部門などですでに使用している手法を採用して実施すればよい．

組織をとりまく外部の課題（外部環境）を分析する手法に"**PESTLE分析**"がある．PESTLEとは，政治（Political），経済（Economical），社会（Social），技術（Technological），法（Legal），自然環境（Environmental）の頭文字である．外部の課題をこれら六つのカテゴリーにリストアップして，それらが自組織にどのような影響（マイナス及びプラス）を与えるか考察する枠組みを提供する．

もう一つ有名な手法に"**SWOT分析**"がある．SWOT分析は，自組織（内部環境）の強み（Strength）と弱み（Weakness），外部環境における自社に対する脅威（Threat）と機会（Opportunity）となる事象を四つの領域に分割したマトリクスにリストアップし，考察するツールである．

SWOT分析は，1920年代にハーバードビジネススクールで開発されたとする説と，1960年代にスタンフォード研究所（SRI：Stanford Research Institute）で開発されたとする説があるが，いずれにせよ半世紀以上の歴史がある．これほど昔から，"脅威"と"機会"の分析が経営戦略策定の出発点であったことを知れば，附属書SLの要求事項は何ら新しいものではないことがわかるだろう．

図3.1はPESTLE分析とSWOT分析を統合した，筆者オリジナルの評価シートの例である．SWOT分析の外部環境の縦軸にPESTLE分析を採用し，

内部環境の縦軸にはISO 14001:2015の附属書A.4.1に例示された内部の課題を参考に，筆者が項目の例を記載した．図の左半分で抽出する課題に関して，右半分のSWOT分析の枠組みを利用して"組織に対する影響"が考察できる．もちろんこうした手法ではなく，組織内で幅広くアンケートやインタビューを実施して，考慮すべき課題を収集して整理するといった方法でもよい．

本書2.1で述べたように附属書SLとISO 14001:2015の4.1が求める外部及び内部の課題の決定は，すでにリスク及び機会の特定まで至っているともいえる．図3.1は，課題を抽出するとともに，その影響，すなわち"リスク及び機会"を特定するツールとしても使用できる．

外部及び内部の課題や利害関係者のニーズ及び期待の決定は，"高いレベルでの概念的な理解"や"一般的な（すなわち，詳細ではなく，高いレベル）理解"を意図している（本書2.1参照）．

高いレベルの課題の把握から，6.1.1で要求される"取組みが必要なリスク及び機会"の決定までの間には距離があり，その間をどう埋めるかについては何も規定されていない．実務的な取組みとして展開するためには，高いレベルで把握したリスク及び機会の内容を，実務レベルで取組みが検討できる程度ま

外部の状況 (利害関係者のニーズ及び期待を含む)	課題	組織の能力への影響	
		機会(O)	脅威(T)
P：政治			
E：経済			
S：社会			
T：技術			
L：法			
E：自然環境			
内部の状況 (利害関係者のニーズ及び期待を含む)	課題	組織の能力への影響	
		強み(S：機会)	弱み(W：脅威)
組織風土			
経営戦略・経営資源			
組織統治・内部統制			
従業員の力量・認識・意欲			
技術開発力			
ブランド力・販売力			

図3.1 PESTLE分析とSWOT分析の統合利用例

で落とし込む(展開する)必要がある．図 3.1 で例示した方法でも，課題を必要な程度にまで細分化すれば，正式なリスクアセスメントプロセスがいうところの"リスク及び機会の特定"までカバーできるだろう．

リスク及び機会の特定にあたって，もう一つ押さえておくべき要点は，本書 2.3 で紹介した"**固有リスク**"と"**統制リスク**"という分類である．この分類に従って，それぞれの観点からリスクや機会を特定することで，EMS の有効性が向上する．

表 3.3 に，EMS と QMS 分野での固有リスクと統制リスクの例を示す．統制リスクについては，EMS と QMS で共通の内容を掲載しているが，固有リスクの違いが統制リスクに影響することも多く，組織ごとに EMS と QMS では統制リスクとして重視すべき内容や各リスクのレベルは異なることもある．リスクの中には，"固有リスク"と"統制リスク"を分離せずに一体的に捉えたほうがよいものもあり得る．例えば，"有害危険物の保管"には，当該物質固有のリスクがあるが，多くの場合，有害危険物の保管に対しては様々な法規制によって順守すべき技術基準等の管理策が定められており，管理策なしの純粋な固有リスクは考えられない．このような場合も含めて，**すでに何らかの管理が適用されている固有リスクは，"現在リスク"と呼ばれる**こともある．

表 3.3 EMS と QMS に関連する固有リスクと統制リスクの例

	EMS	QMS
固有リスク	・環境問題の深刻化 ・環境規制の拡大 ・税制のグリーン化 ・投資家の選好の変化 ・客先からの環境仕様の強化 ・自然災害の発生（激化） ・環境技術の進展	・顧客要求の多様化 ・グローバル競争の激化 ・競争（差別化）戦略 ・IoT, AI など IT 技術の進展 ・新たなビジネスモデル ・消費者の選好の変化 ・モノ離れ，シェアエコノミーの拡大
統制リスク	・プロセスの脆弱性・管理力不足 ・力量（知識・技能）不足，認識の不足 ・不十分な経営資源 ・組織内のコミュニケーション不足 ・不正行為	

"現在リスク"は，すでに何らかの統制が適用されているリスクであるから，後述する**"残留リスク"**ということもできる．いずれにせよ，現在リスクが十分に小さいと確信できればよいが，現状の管理策が十分かどうか，その"統制リスク"を改めて検討する必要があるかもしれない．なぜなら，昨今の地震活動の活発化や，洪水などの異常気象の増大といった状況変化の中で，既存の管理策の想定を超える事態が起こる可能性もあるからである．

統制リスクの中で，"不正行為"のリスクをどこまで考慮するべきかは悩ましい問題であるが，企業不祥事が多発する昨今の状況をみると，考慮に入れざるをえない．表3.3の統制リスクの内容は，マネジメントシステムが意図した成果を達成できないという"脅威"の観点で例示しているが，固有リスクに関しては，"機会"にもなり得るものもある．統制リスクについても，脅威を克服すれば，組織の強みに転化し，利害関係者からの評価が向上して様々な機会を生じさせることもある．

固有リスクは，主に外部の状況（課題）に起因するものが多い．一方，統制リスクは内部の状況（課題）との結び付きが強い．しかし，組織はサプライヤーや顧客，投資家，行政など，組織外部の利害関係者との関係なしには活動できないので，こうした外部との関係を管理するプロセスの中にも不祥事につながるような統制リスク（弱み，脆弱性）がないかどうかを考慮することも忘れてはならない．

図3.2は，EMSやQMSを構成するプロセスにおいて想定できる統制リスクを，プロセスの基本的な構成要素の表記法である"タートル図"に対応して例示したものである．タートル図になじみのない読者は**コーヒーブレイク6**を参照されたい．**統制リスクの洗い出しには，過去の失敗例や，他社の失敗例に学ぶという視点が重要**である．

"失敗学"の提唱者で，政府の"東京電力福島原子力発電所における事故調査・検証委員会"の委員長も務めた，東京大学名誉教授の畑村洋太郎氏が一般公開している"失敗知識データベース"に収録されている大量の失敗事例も，統制リスクを検討するうえで大変参考になる．

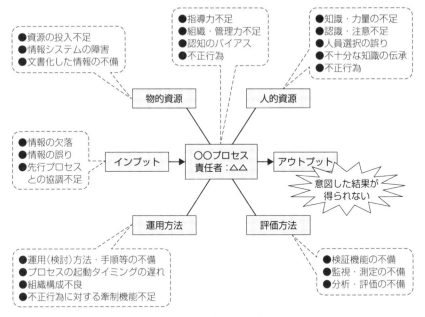

図 3.2　プロセスに潜在する統制リスクの例

　また，組織構成，プロセスオーナー（責任者）を含む人の配置，設備や作業方法，原材料などに変更があると，ミスや失敗などが起こる確率が高くなる傾向がある．このため，労働安全衛生や品質マネジメントなどでは "**変更のマネジメント**" が重視されている．ISO 14001:2015 でも，その附属書 A.1（一般）で "変更のマネジメント" の重要性が強調されており，2004 年版に比べて，変更のマネジメントに関する要求事項が大幅に拡充されている．

　変更のマネジメントは，ISO 31000 の箇条 3（原則）b) でも次のように言及されている．

> リスクマネジメントは，経営の責任の一部であり，戦略的な計画策定，並びにプロジェクトマネジメント及び変更マネジメントのすべてのプロセスを含む，組織のすべてのプロセスにおいて不可欠な部分である．

図 3.2 に示すような，プロセスに潜在するリスクは，プロセスの責任者（プロセスオーナー）が日常的にしっかりと注意し，管理すべき事項であるが，個々のプロセスの内部管理だけで対応するという考え方は誤りである．

特に，不正行為のリスクへの対応をプロセス内でクローズして実施することには限界がある．統制リスクへの対応は，そのプロセスから独立した監査部門などによる，外からチェックする仕組みを組み合わせて実施することが不可欠である．これについては，本書第 6 章で改めて述べる．

コーヒーブレイク 5

環境側面の経営影響の評価事例

（社）日本電機工業会と（社）電子情報技術産業協会に加盟する主要 18 社は，2004 年度に"環境リスクマネジメント研究会"を発足させ，ISO 14001 をベースとした環境リスクマネジメントシステムの構築について検討し，2007 年 2 月に"ISO 14001 を活用した環境リスクマネジメントガイドライン"を公表した．

同研究会では，"環境リスク"を"経営リスクのうちで環境に関連して企業に及ぼす被害の発生確率とその結果の組合せ"と定義し，環境側面の特定において，"環境影響"の評価に"経営影響"の視点を付加することで環境リスクマネジメントシステムが構築できることを明らかにした．

環境リスクは，"発生時の影響の大きさ"と"発生の可能性"の組合せで評価し，発生の可能性は，高（1 年に 1 回程度），中（10 年以内に 1 回程度），低（10 年以内に発生なし）の 3 段階評価とする．発生時の影響の大きさは，以下の 6 項目の影響（大・中・小）を個々に評価したうえで総合的に決定する．

経営影響	大	中	小
社会の安全・安心への影響	有り又は不明	ないと思われる	明らかにない
法令違反・行政関与	違反/命令/逮捕	抵触/勧告/指導	合法/助言
マスコミ報道等	マスコミ報道有り	行政による開示	社内に限定
金額損失	1億円以上	1千万円以上	1千万円未満
企業評価への影響	有り又は不明	なさそう	明らかにない
影響が及ぶ範囲	業界他社へ影響	他の事業分野に波及	当該事業分野
総合評価	大1つ以上	大なし，中1つ以上	大，中，なし

　複数の項目で評価する場合には，各項目に点数をつけてもよいが，性質が異なる項目の点数を加算あるいは乗算などの処理をして総合点を算出するような機械的処理は避けたほうがよい．複数項目で判断する場合，項目間の優先順位を明確にして総合的に判断することが望ましい．

　本ガイドラインのリスクの定義は，"純粋リスク"の定義になっており，"機会"の特定は含んでいないが，環境側面の経営影響を考慮する手法は，ISO 14001: 2015を実施するうえでも参考になる先進事例である．

　経営影響の評価項目はあくまで一例であるが，この中に"金額損失"が入っていることは重要である．リスクや機会を，財務的視点（金額）で評価しなければ，経営戦略レベルでマネジメントシステムを運用しているとは言いがたい．このことはコーヒーブレイク8で改めて述べる．

コーヒーブレイク 6

タートル図

　タートル図はプロセスの表現技法の一つである．自動車メーカのサプライチェーン向けの品質マネジメントシステム規格である ISO/TS 16949:2009（自動車生産及び関連サービス部品組織の ISO 9001:2008 適用に関する固有要求事項）では，プロセスアプローチの徹底した適用が求められている．タートル図は，ISO/TS 16949:2009 のガイダンスマニュアル（日本語訳：日本規格協会編）の中でプロセスの表現技法として推奨されている．

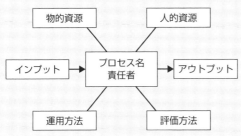

　左にタートル図の基本形を示す．タートル図の七つのボックスに対象とするプロセスの具体的な内容を記入することで，プロセスのインプットとアウトプット，プロセスに必要な物的資源及び人的資源，プロセスの運用方法（どのようにインプットをアウトプットに変換するか），プロセスの評価項目や指標，そしてプロセスの責任者が規定される．

　タートル図の全てのボックスに当該プロセスで必要な内容を記載することで，プロセスが具備すべき基本要件を全て規定することができ，ISO 9001 による厳密なプロセスに対する要求事項（ISO 9001:2015 4.4）も満たすことができる．ISO 14001:2015 が要求するプロセスも，プロセスの基本要件を満たすように構成することで，プロセスの有効性が確保できる．

3.4 取り組む必要がある"リスク及び機会"の決定

附属書 SL でも ISO 14001:2015 でも,取り組む必要があるリスク及び機会を決定するための基準は明示的に要求されていないが,実務上はこうした基準が不可欠である.

最も一般的な手法は,特定されたリスク(機会)に関して,そのリスクレベル(リスクの大きさ)を,そのリスクの **"起こりやすさ"** と,想定される **"結果の重大性"** から推定し,それを基準に照らして "取り組む必要がある" かどうかを判断する方法である.

図 3.3 に,実務でよく使用される 3×3 のマトリックスによるリスクレベルの評価方法(**リスクマトリックス**とも呼ばれる)の例を示す.マトリックスの各軸を何段階で区分するかは自由であり,縦軸・横軸を同数の段階に分ける必要もない.例えば,3×5 でも 4×6 でもよい.段階の区分は,偶数とすることを奨励する指針もある.奇数で区分すると,真ん中が選択されやすいからである.

図の縦軸と横軸について,組織はあらかじめ評価の尺度を決定しておく必要がある.横軸の "結果の重大性" を図る尺度は,組織(経営)への影響の重大性を判断するための尺度であるから,金額(10 億円以上,1〜10 億円,1 億円以下など)や組織の評価・評判への影響など,複数の尺度を組み合わせて適用するのが通例であろう.横軸の尺度については,コーヒーブレイク 5 で紹介した電気・電子業界での検討例も参考になるだろう.

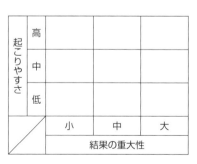

図 3.3 リスクマトリックス

縦軸の"起こりやすさ"の尺度は，組織のリスクマネジメントの時間的なスパン（1年，2〜3年，あるいは10年先まで）によって変わる．当該年度末の損益でも確実な予測は不可能なので，3年先，10年先と，将来になればなるほど"不確かさ"は増大する．しかし，いつどのような事象が発生するかは不確かでも，動向やトレンドとして一定の方向に事態が推移することが相当程度確かであれば，先を見て備えを進めていくという対応もある．東南海地震や首都圏直下型地震への備えなどがこれにあたる（本書 7.4 参照）．なお，"取り組む必要がある"リスク（脅威）の決定に際しては，**組織の存続にかかわるようなものは，いかにその"起こりやすさ"が小さくても，取組みを進めるべきで**あろう．リスクの総合評価においては，一般的に"結果の重大性"を重視するほうがよい．

リスクマトリックスは，機会に対しても適用して評価することができる．しかし，機会に対して適用する場合，脅威の評価とは別の尺度を加える必要がある（本書 2.4 参照）．機会を活用するためには，経営資源を投入する必要があり，資金であれ，人であれ，投入できないレベルの機会は，"取り組む必要がある機会"から（残念ながら）落とすしかない．

機会に対しては，"起こりやすさ"，"結果の重大性"に加えて，"経営資源投入の可能性（可能範囲）"という尺度を加えて評価する必要がある．もちろん，リスク（脅威）への対策にも経営資源の投入が必要となり，それについても経営資源の制約の中で計画せざるを得ない．そして，リスク（脅威）が顕在化する（現実のこととなる）と，リスクを完全に除去できなければ，好ましくない影響が組織に及ぶ．機会については，組織が対応しなければ何も起こらない．

リスクマトリックス上に特定されたリスクと機会が全てプロットされたら，そのうちどこまでを"取り組む必要がある"と決定するかは，経営の状況認識を踏まえた意思決定であり，その時点の組織の経営状況にも大きく左右される．企業の場合，業績不振で資金が乏しくなれば，設備投資や開発投資，更には新人採用数などを減らさざるを得ない．そのような状況下では，ますます取組みの対象に明確な優先順位を付けて，組織や事業の存続に必要不可欠な対応に

絞って実施するしかない．**脅威と機会にはレベルがあり，組織の存続や持続的成功を目指すうえで"許容できない脅威"と，"決定的に重要な機会"を見極めて，優先的に取り組むことが肝要である．**

どのような組織でも，その活動は認許された予算の範囲でしか実行できない．予算の裏付けのない，実態から乖離したISO活動は，やがて大きな失敗につながり，組織の信用を失墜させる重大な脅威となるだろう．

3.5　"リスク及び機会"の決定プロセス

ISO 14001:2015の6.1（リスク及び機会への取組み）では，"組織は，6.1.1から6.1.4に規定する要求事項を満たすために必要なプロセスを確立し，実施し，維持しなければならない"と明示的に"プロセス"が要求されているが，4.1（組織及びその状況の理解）及び4.2（利害関係者のニーズ及び期待の理解）では明示的なプロセス要求はない．

しかしながら，附属書SLや，それに基づくISO 14001:2015では，4.4と8.1で包括的なプロセスの確立及び維持について規定されており，個々の細分箇条でプロセス要求を繰り返さなくても，組織が必要と考えるプロセスは確立しなければならないと理解するのが基本である．附属書SLでの規定を以下に引用する．

4.4　XXXマネジメントシステム

　組織は，この規格の要求事項に従って，必要なプロセス及びそれらの相互作用を含む，XXXマネジメントシステムを確立し，実施し，維持し，かつ継続的に改善しなければならない．

8.1　運用の計画及び管理　（該当部分のみ抜粋）

　組織は，次の事項の実施によって，要求事項を満たすため，及び6.1で決定した取組みを実施するために必要なプロセスを計画し，実施し，かつ，管理しなければならない．

いずれの規定も，4.4と8.1にだけ適用される要求事項ではなく，全ての要求事項をカバーする規定であることは明らかであろう．このことに関して，附属書SLコンセプト文書の4.4では，次のように明確に指摘している．

　マネジメントシステムに関するこの箇条の意図は，MSSに適合した有効なマネジメントシステムを構築する要素となる"必要で十分な（necessary but sufficient）"一連のプロセスの作成に関連する包括的な要求事項を規定することである．

（中　略）

　MSSの原案作成時には，この箇条を参照することで，複数の箇条において，例えばプロセス，手順，マネジメントシステムに関して"…を確立し，維持し，継続的に改善する"といった文言を繰り返す必要を回避できることに留意すること．

4.1や4.2で求められる知識の獲得は，マネジメントレビューで見直しが要求されているように，一度だけ実施すればよいのではなく，継続的に実施しなければならない．

ISO 9001：2015では，4.1と4.2のそれぞれに次のような品質固有の要求事項を付加することで，組織の状況の変化への対応の必要性を示している．

ISO 9001：2015　4.1での追加テキスト
　組織は，これらの外部及び内部の課題に関する情報を監視し，レビューしなければならない．

ISO 9001：2015　4.2での追加テキスト
　組織は，これらの利害関係者及びその関連する要求事項に関する情報を監視し，レビューしなければならない．

また，ISO 9000：2015の2.2（基本概念）では，組織の状況と利害関係者について，それぞれ次のように述べている．

ISO 9000:2015　2.2.3　組織の状況　（抜粋）

組織の状況を理解することは，一つのプロセスである．このプロセスにおいては，組織の目的，目標及び持続可能性に影響を与える要因を明確にする．

ISO 9000:2015　2.2.4　利害関係者　（抜粋）

利害関係者の概念は，顧客だけを重要視するという考え方を超えるものである．密接に関連する利害関係者全てを考慮することが重要である．

組織の状況を理解するためのプロセスの一部として，その利害関係者を特定する．

ISO 14001:2015 ではこうした明確な記述はないが，意図するところは同じである．現代の組織経営をとりまく状況の変化が加速していることに照らせば，常に変化をウォッチして，適時適切に課題やリスク及び機会の変化に対応していく必要があることは明らかである．4.1 及び 4.2 で要求される知識の獲得を継続的に，かつ一貫性をもって実施していくためには，そのためのプロセスが必要である．

図 3.4 に，4.1 及び 4.2 に対応するためのプロセスの例をタートル図で示す．

外部及び内部の課題や，利害関係者のニーズ及び期待を理解するためには，

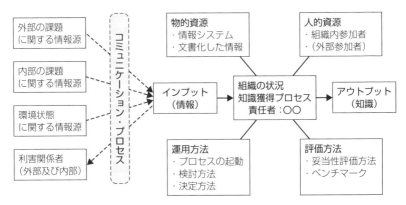

図 3.4　組織の状況に関する知識獲得プロセス

様々な情報源と，それらの情報源とのコミュニケーションプロセスが必要であろう．これは，EMSやQMSのためのプロセスではなく，営業部門と顧客，購買部門とサプライヤー，環境・CSR部門や総務部門と行政，財務部門と株主や投資家，というように組織内の様々な部門が通常業務として実施しているコミュニケーションが基本になる．もちろん，環境・CSR部門が主要な利害関係者（ステークホルダー）と対話する特別な機会を設定することもあるだろう．

こうした多様なコミュニケーションを通じて得られる情報を，組織内の関連部署を代表する人々から構成される委員会などを通して審議し，最終的には高いレベル（経営層や上級管理者層）のプロセスオーナー（責任者）が，4.1や4.2が要求する外部及び内部の課題や，利害関係者のニーズ及び期待を決定する．

4.1と4.2で得られる知識は，正式なリスクマネジメントプロセスでいうところの"組織の状況の確定"段階なのか，それとも"リスクの特定"までをカバーしているのか．附属書SLやISO 14001:2015では4.1並びに4.2と6.1の間に明確な線引きはなく，それぞれに対応するプロセスを分離することも要求されていない．

図3.4に示すプロセスで，アウトプットをどう規定するかは組織次第である．組織の状況に関する知識獲得と，それに基づくリスク及び機会の特定から，取り組む必要があるリスク及び機会の決定までを一つのプロセスとして構築することも可能である．

3.6 "リスク及び機会"への取組みの計画策定

ISO 14001:2015の6.1.4（取組みの計画策定）では，6.1.1で決定したリスク及び機会だけでなく，6.1.2で決定した著しい環境側面と，6.1.3で決定した順守義務という三つのカテゴリーの課題に対する取組みの計画が要求されているが，本書ではリスク及び機会への取組みに絞って解説する．

6.1.4の要求事項では"その取組みのEMSプロセス（6.2，箇条7，箇条8及び9.1参照）又は他の事業プロセスへの統合及び実施"と記されている．

カッコ内に参照する箇条が列記されているのは，図 3.5 に示すように，三つのカテゴリーでそれぞれ決定された課題に対する取組みを該当する箇条に振り分け，詳細な取組みの計画は，振り分け先の箇条で規定される内容に従って実行することを意味している．

例えば，ある課題を環境目標に設定して取り組むと決定したら，その課題に関する環境目標の設定と実施計画は，6.2 の要求事項に従って策定する．別の課題は運用管理で対応すると決定したならば，8.1 の要求事項に従って詳細な運用計画に展開する．

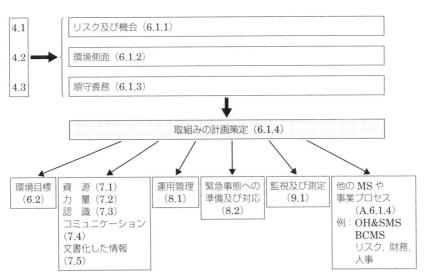

図 3.5　リスク及び機会—取組みの計画策定

ISO 14001:2015の附属書A.6.1.4では，次のように解説している．

　組織は，組織が環境マネジメントシステムの意図した成果を達成するための優先事項である，著しい環境側面，順守義務，並びに6.1.1で特定したリスク及び機会に対して環境マネジメントシステムの中で行わなければならない取組みを，高いレベルで計画する．

　計画した取組みには，環境目標の確立（6.2参照）を含めても，又は，この取組みを他の環境マネジメントシステムプロセスに，個別に若しくは組み合わせて組み込んでもよい．これらの取組みは，労働安全衛生，事業継続などの他のマネジメントシステムを通じて，又はリスク，財務若しくは人的資源のマネジメントに関連した他の事業プロセスを通じて行ってもよい．

　ここで，"**高いレベルで計画する**"としているのは，それぞれの課題に対する基本的な対処方針（図3.5で示す振分け先の決定）は，経営層，上級管理者層（プロセスオーナーなど）が，技術上の選択肢，並びに財務上，運用上及び事業上の要求事項を考慮して決定する．例えば，財務上の要求事項の考慮とは，組織が許容できる予算の制約に照らしてどこまで実施可能かを，戦略的に決定することを意味している．

　リスク及び機会への取組みは，表3.3に例示した固有リスクと統制リスクのいずれを考えても環境部門だけで対処可能なものは少なく，様々な事業プロセスで対応しなければならないものがほとんどを占めるはずである．

　また，"**リスク，財務若しくは人的資源のマネジメント**"に特に言及していることも重要である．大手企業では全社的リスクマネジメント（ERM：Enterprise Risk Management）を導入して，リスクマネジメント全般を統括する部門を設置しているところもある．そのような企業では，EMSで決定するリスク及び機会もERMに包含されるだろう．

　"**財務**"に言及しているのは，**リスク及び機会への取組みには財務資源が不可欠**で，保険や更に先進的なリスクファイナンス手法で対処するという選択肢

もあるためである．リスクファイナンスについては，本書5.5及びコーヒーブレイク11で解説する．"人的資源"への言及は，リスク及び機会への取組みが，結局は組織の経営層から担当者までの人々の力量や認識にかかっているからである．組織内での知識や情報が乏しければ，リスクも機会も認識できない．**力量や認識が不足していると，統制リスクは高くなる**（失敗や不祥事の可能性が高まる）．

ここまで ISO 14001:2015 6.1.4 の要求事項に基づいて解説してきたが，ISO 31000 による正式なリスクマネジメントプロセスのリスク対応（本書図2.2）の規定に照らすと，ISO 14001:2015 では重要な概念が示されていない．

ISO 31000 では，"リスク対応"について次のように定義している．

2.25　リスク対応（risk treatment）

リスクを修正するプロセス．

注記1　リスク対応には，次の事項を含むことがある．
— リスクを生じさせる活動を，開始又は継続しないと決定することによって，リスクを回避すること．
— ある機会を追求するために，リスクを取る又は増加させること．
— リスク源を除去すること．
— 起こりやすさを変えること．
— 結果を変えること．
— 一つ以上の他者とリスクを共有すること（契約及びリスクファイナンシングを含む．）．
— 情報に基づいた意思決定によって，リスクを保有すること．

注記2　好ましくない結果に対処するリスク対応は，"リスク軽減","リスク排除","リスク予防"及び"リスク低減"と呼ばれることがある．

注記3　リスク対応が，新たなリスクを生み出したり，既存のリスクを修正したりすることがある．

ここで示されるリスクに対する七つの選択肢は，EMSでリスク及び機会への取組みを計画するうえでも考慮すべき事項である．

ISO 9001:2015の6.1（リスク及び機会への取組み）には次のような注記が示されており，ISO 31000のリスク対応の概念と整合している．

注記1　リスクへの取組みの選択肢には，リスクを回避すること，ある機会を追求するためにそのリスクを取ること，リスク源を除去すること，起こりやすさ若しくは結果を変えること，リスクを共有すること，又は情報に基づいた意思決定によってリスクを保有することが含まれ得る．

ISO 14001:2015において，附属書Aを含めてどこにもこうした情報が提示されていないことは残念であるが，意図的に除外したり，概念が違うとして排除したわけではない．したがって**組織は，ISO 9001:2015に示される上記の注記1をISO 14001でも有効であると考えて利用すればよい**．リスクの発生源を完全に除去するリスク回避策以外のリスク対応策では，事前対策だけではなく，**当該リスク・機会が顕在化した場合の発生時及び事後対策についても検討する必要がある**．発生時及び事後対策として至急に対処が必要となるものは，緊急事態への準備及び対応として計画が必要になる．サプライチェーンも含めた"事業継続計画（BCP）"につながるものもあるだろう．

ISO 14001:2015とISO 9001:2015のリスク及び機会に関する要求事項において共に欠落している重要なリスクの概念に**"残留リスク"**がある．

"残留リスク"は，ISO 31000において"リスク対応後に残るリスク"と定義されている．リスク対応を実施した後の"残留リスク"のレベルが許容可能なものかの判断が必要であり，リスク対応策が失敗したり，効果をあげないこ

ともある．それゆえにリスク対応策が継続して効果的であるかどうか，モニタリングとレビューを継続的に実施していく，動的なプロセスが不可欠である．

　リスク及び機会への取組みの決定は，経営の意思決定であり，その中には，十分理解したうえで何もしないという決定もある．リスク対策を講じないと決定したリスクについても，決定の前提となる条件が変化していないか，モニタリングとレビューを継続的に実施していく必要がある．経営の意思決定は，認証審査でその正否が問われる性質のものではない．認証審査では，リスク及び機会の決定や，それに対する取組みの決定が場当たり的ではなく，組織が決定した必要な基準を含めて，一貫性と継続性があり，説明責任が果たせるようなプロセスを通じて実施されているかどうかが審査対象になる．

第4章
"リスク及び機会"とEMSの主要な要素との関係

ここまでISO 14001:2015が規定するリスク及び機会に関する要求事項について,組織の状況（4.1, 4.2）,環境側面（6.1.2）,順守義務（6.1.3）との関係を含めて解説してきた.リスク及び機会は,EMSの全ての構成要素と関係しているため,本章ではEMSのその他の要素との関係について説明する.

4.1　EMSの適用範囲（4.3）との関係

附属書SLでもISO 14001:2015でも,"全社（全組織）"ではなく"事業所"など,組織の一部を適用範囲とすることは許容されている.しかし,"運用（操業）レベルでの適用から戦略レベルでの適用に持ち上げる"という2015年改訂の意図や,"EMSの有効性に説明責任を負う"という要求事項も踏まえて組織の状況の変化のトレンドを理解すれば,ますます全社での対応が求められる動向は明らかである[*4].事業所など,組織の一部を適用範囲とする場合には,リスク及び機会のとらえ方が問題となる.リスクの影響が及ぶ範囲別の分類として,"全社リスク"と"事業所リスク"というような区分も可能であることを述べたが,**全社リスクは事業所のリスクでもある**はずなので,事業所EMSでも取り組む必要があるリスクとして認識し,事業所としての取組みを決定する必要がある.

[*4] 組織の状況の動向に関する具体的な解説は,本書では割愛するが,興味のある方は拙著『効果の上がるISO 14001:2015　実践のポイント』（日本規格協会,2015年）の3.3節（EMSの適用範囲の再考）を参照いただきたい.

EMS の適用範囲を事業所（ごと）とする場合，全社リスクをどのようにして取り込むのだろうか？　全社リスクを認識するのは本社（経営層）であり，各事業所や事業部門に対して何らかの取組みの指示が出るはずであるから，少なくとも 4.2 が規定する"順守義務"として認識しなければならない．

事業所 EMS では，全社的なリスクや機会への対応だけが行われているわけではない．会社（全組織）としての環境方針や環境計画などが策定されている場合には，その中で当該事業所が実施しなければならない事項は全て認識され，具体化されているはずである．

こうした状況を想定した解説が，ISO 14001：2015 の附属書 A.4.4 で次のように述べられている．

> 組織の特定の一部（複数の場合もある．）に対してこの規格を実施する場合には，組織の他の部分が策定した方針，プロセス及び文書化した情報がその特定の一部にも適用可能であれば，この規格の要求事項を満たすものとしてそれらの方針，プロセス及び文書化した情報を用いることができる．

事業所では，本社などの上位組織の環境方針，リスクやコンプライアンスに関する全社体制や文書化した情報があれば，そのまま適用する，又はそれと整合したプロセスやシステムとするのが当たり前で，全社での取決めとは別のプロセスや文書化した情報を作成することは避けなければならない．**現代の経営では，一事業所が独立して実施できるマネジメントの範囲はいっそう狭まりつつあることを認識する必要がある．**

さて，リスクの話に戻ろう．具体的な全社リスクへの備え（連絡体制，役割分担，経営資源の投入を含めた具体的な行動など）の基本事項は本社が統轄するはずであるから，それらについて事業所は"順守義務"として確実に対応しなければならない．しかしながら，全て本社の指示で動くという受け身でいると，本社機能がマヒするような事態では身動きがとれなくなるリスクがある．逆に，一事業所の緊急事態が全社の緊急事態に発展する場合もあり，リスクに

ついても当該事業所が全社リスクの発生源となる場合もある．このような場合には，本社の指示を待つだけでなく，まず事業所としてできる対応をとらなければならない．

"リスク及び機会への取組み"，"緊急事態への準備及び対応"，"ライフサイクルの視点"に関する ISO 14001:2015 の要求事項は，全社であれ事業所であれ，いずれにしても組織の境界を超えた，組織の外部（バリューチェーン）での取組みが必要となる．

適用範囲が事業所だからといって，事業所だけで対応可能な取組みに限定してEMS を計画すると，組織の活動の実態から乖離して EMS の有効性が損なわれる．EMS が組織の実態から乖離すると重大な不祥事につながる可能性が大きくなる．これまで事業所を適用範囲としてきた組織は，2015 年版への移行にあたって，本社が経営的視点で組織の状況を改めて評価し，従来どおりでよいのかを高いレベルで判断していただきたい．

4.2 リーダーシップ（箇条5）との関係

リーダーシップ（トップマネジメント）とリスク及び機会との関係については，ISO 14001:2015 の序文 0.3（成功のための要因）の解説が全てを物語っている（本書第 1 章の A 18 参照）．

5.1（リーダーシップ及びコミットメント）と 5.2（環境方針）の両方で，環境方針や環境目標が組織の状況に照らして適切であることが要求されているが，組織の状況の変化が激しい現代の経営においては，この要求事項は**"変化"への適時・適切な対応**を求めるものといえる．

リスク及び機会は，経営レベルと運用レベルの両方の領域にあり，また組織の全ての事業プロセスに潜在している．**組織の経営戦略の遂行とは，リスク及び機会のマネジメントそのものである（コーヒーブレイク7及びコーヒーブレイク 1，2参照）**．

トップマネジメントは，場面場面で重要な意思決定を行いながら組織の舵を
とっている．経営レベルでのリスク及び機会の認識や，それに対する取組みの
決定が組織の持続的な成功の鍵を握っている．組織の戦略と，組織の状況の間
に乖離が検出された場合，遅滞なく戦略を修正し，変化に対応する必要がある．
全ての事業プロセスにリスク及び機会があり，それらへの対処は各プロセスの
責任者（プロセスオーナー）の役割である．

　組織の役割，責任及び権限を適切に割り当てることもトップマネジメントの
専権事項で，各プロセスのリスク及び機会の性質に照らして，最も適切な人材
をプロセスオーナーに任命しなければならない．一方で，リスク及び機会への
対応を事業プロセス任せとせず，監査部門などのスタッフ部門による内部統制
と専門的業務支援の実施を指揮することも必要であろう．組織内のリスク及び
機会を可能な限り見える化し，組織内の適切な情報共有を図ることもトップの
役割である．

コーヒーブレイク 7

リスクと経済学

"経済"と"リスク",特に"投機的リスク"は不可分の関係にある.リスクを取るという行動がなければ,イノベーションも経済成長もない.

人間が営む経済活動は,数学や物理の法則に従って行われているのではなく,多様な人々の多様な判断,意思決定によって動いており,未来の経済状態がどうなるかは,スーパーコンピュータやビッグデータを活用しても"不確実性"から逃れられない.

数学的な確率理論は19世紀初頭には確立しており,経済学の分野でも確率計算が使用されるようになったが,不確実性やリスクに正面から取り組んだ経済学者は,アメリカのフランク・ナイトと,イギリスのジョン・メイナード・ケインズである.ナイトは,1921年に著した『リスク,不確実性及び利潤』の中で,不確実性とリスクを左図のように区分し,(真の)不確実性に挑む人間こそ企業家であり,その対価として"利潤"を受け取ると考えた.

ケインズは,ナイトと同じ1921年に『確率論』を著し,経済の中で不確実性が果たす役割を強調した.1936年には有名な『雇用,利子及び貨幣の一般理論』を発表して,"アニマル・スピリット"こそ経済発展の推進力であると述べている.

"アニマル・スピリット"とは,冒険心や企業家精神のことで,成功するかどうかわからないことに積極的にチャレンジする姿勢である.2016年4月28日,経済産業省は『"攻めの経営"を促す役員報酬～新たな株式報酬(いわゆる"リストリクテッド・ストック")の導入等の手引～』を公表し,経営陣の報酬について,株式報酬や業績連動報酬の導入を促進することで,わが国企業の収益力,"稼ぐ力"の向上や,中長期的な企業価値向上の実現に寄与するとしている.まさに,ナイトによる"利潤"の概念や,ケインズの"アニマル・スピリット"を経済政策の中で支援するものといえる.

4.3　環境目標（6.2）との関係

ISO 14001：2015 の 6.2.1（環境目標）では，リスク及び機会との関係について，次のように規定されている．

　組織は，組織の著しい環境側面及び関連する順守義務を考慮に入れ，かつ，リスク及び機会を考慮し，関連する機能及び階層において，環境目標を確立しなければならない．

環境目標を設定するときの考慮事項として，"著しい環境側面"，"順守義務" 及び "リスク及び機会" の三つの項目が列挙されているが，"著しい環境側面" 及び "順守義務" については **"考慮に入れる（take into account）"**，"リスク及び機会" については **"考慮する（consider）"** と動詞が使い分けられている．
"考慮に入れる（take into account）" は，考慮した結果に考慮事項が何らかの形で反映されることを求めるもので，"考慮する（consider）" は，考慮した結果に考慮事項が反映されなくともよいという意味で，表現が使い分けられている［ISO 14001：2015 附属書 A.3（概念の明確化）参照］．
すなわち，**環境目標には少なくとも一つの "著しい環境側面" や "順守義務" に関する課題が掲げられなければならないが，"リスク及び機会" に関連する課題は，環境目標に入れなくてもよいが，禁止しているわけではないという意味である**．リスク及び機会への取組みの一部を環境目標として設定して取り組んでよい．その場合，環境目標を達成するための取組みの計画策定は，対象となるリスク及び機会の内容，重要性及び対応に求められる時間的制約に見合ったものとすることが肝要である．

特にリスクや機会への対応では時間軸の考慮が重要で，対応が手遅れとならないように計画を進めなければ意味がない．環境目標の設定にも，それが組織の状況に照らして適切かどうかのリスクがあり，またそれが計画どおりに達成できるかどうかのリスクもある．環境目標に限らず，**組織が策定する全ての計画にリスク及び機会が伴っていることを忘れてはならない**．

4.4 資源（7.1）との関係

ISO 14001:2015 では，7.1（資源）に加えてさらに三つの細分箇条（5.1，6.2.2，9.3）で資源に関する要求事項が追加され，2004 年版と比べると，資源に関する要求事項が大幅に拡充されている．この背景には，2015 年改訂が経営戦略レベルでの EMS の適用の促進を意図しており，経営資源の適切な配分が，リスク及び機会への取組みを進めるうえで極めて重要であるという認識がある．

ISO 14001:2015 の附属書 A.7.1（資源）では，"資源には，人的資源，天然資源，インフラストラクチャ，技術及び資金が含まれ得る．"と説明されている．"資源"に"資金"が含まれるということは，1996 年版，2004 年版では要求事項の本文（両版とも 4.4.1）に明記されていた．

ISO 9001 では，従来から"財務"や"資金"への言及を意図的に避けており，2015 年版でもその姿勢を継続している（ISO 9000 や支援規格・支援文書では言及している）．これは誠に残念なことで，このような姿勢が ISO マネジメントシステムの実施に対する経営層の関与や関心が弱いという状況を生み出してきたと筆者は考えている．これについては，**コーヒーブレイク 8** で紹介する．

"取り組む必要があるリスク及び機会"の決定に際して，図 3.3 に示したようなリスクマトリックスで考察する場合，結果の重大性（横軸）に関しては，特に企業であれば，財務上の影響，つまり金額評価を含むことが必要だろう．組織にとってのリスク（脅威）に対しては，想定される最大被害額を推定し，それに見合ったリスク対応費用でなければ予算は認許されないだろう．機会に対しても，その機会を活用するためには経営資源の投入が必要である．

業績悪化で財務資源の十分な投入ができない状況では，機会を活かすことも，脅威に備えることも難しくなる．ISO 14001:2015 の附属書 A.6.1.1 に，組織の状況に起因するリスク及び機会の例として a) から e) まで 5 項目が例示されているが，その中の c) で次のようなことが例示されている．

c) 経済的制約による，有効な環境マネジメントシステムを維持するための利用可能な資源の欠如

このような状況下では，組織はリスク及び機会の大きさをいっそう慎重に評価し，優先順位を明確にして，経営資源の制約範囲内で実施できることに取り組むほかはない．**組織の中でも特に営利企業においては，リスク及び機会を"財務"の観点から見ることなしに意思決定することはあり得ない．**

資源には，財務資源だけでなく，インフラストラクチャや人的資源，知的財産などの無形資産もあり，それぞれがリスク及び機会に関係しているが，紙面の制約もあるので本書では割愛する．人的資源とリスク及び機会の関係については，次節で述べる．

コーヒーブレイク 8

MSSと財務

ISO 9001の2015年改訂に向けて，『将来のISO/TC 176/SC 2の作業において考慮対象となる概念の分析』という報告書が，2011年2月に取りまとめられた．

この報告書は，改訂で考慮すべき18の概念について考察を加えたものであるが，冒頭に取り上げられた概念が"組織の財務資源"である．ISO 9001では，1987年の初版以降，QMSに必要な資源に"財務資源"を明記することを避けてきた．報告書は，"ユーザはISO 9001に財務資源を含めることを支持していない"として消極的なトーンで記載されており，結局ISO 9001:2015でも"財務資源"への言及は回避された．この報告書は，『ISO 9001:2015 新旧規格の対照と解説』(日本規格協会，2015年)の第1部(ISO 9001改訂をめぐって)に資料1として抜粋版が掲載されているので，興味のある読者は参照されたい．

実務では，顧客も製品・サービスの提供者においても，コストと切り離された品質はない．製造業や小売業では"製品保証引当金"や"リコール引当金"を，

建設業やソフトウエア開発業等では"工事損失・受注損失引当金"を計上している企業も多いだろう．"品質コスト"は必ず計画・管理されている．

ISO 9004:2009（組織の持続的成功のための運営管理－品質マネジメントアプローチ）では，6.2で"財務資源"に関する指針が掲載され，またISO 10014（品質マネジメント－財務的及び経済的便益を実現ためのする指針）という支援規格も発行されており，品質マネジメントと財務の関係の重要性は認識されているものの，認証審査で財務の領域に踏み込まれることには強い抵抗感がある．実状は理解できるが，いつまでもこんな理由で財務から距離を置いていると，ISO 9001:2015の取組みを経営戦略レベルで展開することは難しい．

2011年に世界の環境優良企業が加盟するWBCSD（持続可能な開発のための経済人会議）は，『企業のための生態系評価（CEV）ガイド』を公表した．CEVにより，企業活動が生態系に与える損害や便益の両方を金額的に評価することで，他の課題に対する企業の意思決定と同じレベルで役員室での議論が可能となるとしている．

環境負荷を金額評価してよりよい意思決定につなげる試みは，ISO 14000ファミリーの規格開発でも顕在化しつつある．ISO 14051:2011（マテリアルフローコスト会計――般的枠組み）が先駆者となり，2016年からはISO 14007（環境コストと便益の決定），ISO 14008（環境影響の貨幣評価）という二つの規格開発が始まった．リスク・機会についても，その重要性評価の判定基準中に"企業財務への影響（金額的推定）"を織り込むことで，戦略的マネジメントとしてのリスク・機会への取組みの位置付けが明確になるだろう．

4.5 力量 (7.2) 及び認識 (7.3) との関係

ISO 14001:2015 の 7.2 (力量) と 7.3 (認識) には，リスク及び機会に直接言及した要求事項はないが，**組織のリスク及び機会への対応力は，経営層から担当者に至るまで，組織の構成員の力量と認識のレベルで決まってしまう．**知識がなければリスク及び機会の把握もできず，組織の構成員の力量や認識が低ければ統制リスクは高くなり，失敗や不祥事を起こす確率が高まる．

ISO 14001:2015 の附属書 A.7.2 (力量) で，力量の要求事項が適用される人々の例として，次のようなリストが掲載されている．

a) 著しい環境影響の原因となる可能性をもつ業務を行う人
b) 次を行う人を含む，環境マネジメントシステムに関する責任を割り当てられた人
　1) 環境影響又は順守義務を決定し，評価する．
　2) 環境目標の達成に寄与する．
　3) 緊急事態に対応する．
　4) 内部監査を実施する．
　5) 順守評価を実施する．

b) の 1) を担当する人に十分な知識がなければ，"著しい環境側面"や組織に適用される"順守義務"が適切に把握されず，結果として 6.1.1 が規定する著しい環境側面や順守義務から生起し得るリスク及び機会も見逃すことになる．

2)～5) のような業務は，EMS の統制リスクに対処するうえで極めて重要な機能で，これらの力量不足は組織にとって重大な脅威となる．7.3 (認識) の d) で，"組織の順守義務を満たさないことを含む，環境マネジメントシステム要求事項に適合しないことの意味"の認識が要求されているが，こうした認識の欠落は，法令違反という組織の存続を揺るがすような事態に至る重大なリスク (脅威) となる．

4.6　コミュニケーション（7.4）との関係

　リスク及び機会の認識への出発点となる，組織の状況に関する知識を獲得するためには，組織内外との多様なコミュニケーションが不可欠である．

　本書 2.5 の図 2.2 で，ISO 31000 が規定する正式なリスクマネジメントプロセスの構成図を提示した．この図に示されるように，"コミュニケーション及び協議"は，リスクマネジメントの全プロセスを遂行するために不可欠の要素である．それを認識したうえで，ISO 14001:2015 の 7.4（コミュニケーション）の要求事項とリスク及び機会との関係をみていこう．

　7.4.1（コミュニケーション　一般）では，EMS に関連する内部及び外部のコミュニケーションに必要なプロセスを包括的に要求している．

　そのプロセスでは，"伝達される環境情報が，環境マネジメントシステムにおいて作成される情報と整合し，信頼性があることを確実にする"ことが求められる．環境情報の信頼性を担保するプロセスとは，例えば金融商品取引法によって，財務報告の正確性及び信頼性を確保するために内部統制システムの整備が上場企業に義務付けられているように，環境情報に対する内部統制の機能を EMS に組み込むことを意味している．組織が発信する情報が事実と異なることが判明した場合，社会や市場の反発はますます厳しくなっている．

　法令による環境情報開示では，不実の情報開示に対して行政罰だけでなく刑事罰が科される場合もある．**特に注意を要するものは，投資家向けと一般消費者向けの情報開示**である．投資家向けの情報開示については，投資家の保護と公正な市場取引を担保するために金融商品取引法によって不実記載に対して厳格な罰則が定められている．企業の環境や CSR への取組みを投資の意思決定の一部として考慮する投資家が増えており，環境報告書での不実記載が金融商品取引法違反として摘発される事態も起こり得る．

　一般消費者向けの環境情報については，景品表示法の改正強化が進んでいる．2014 年 6 月には改正法が公布され，事業者に"表示等の適正な管理のため必要な体制の整備その他必要な措置"を講じる義務，すなわち，表示に関する信

頼性を確実にするための管理体制の確立が求められるようになった.

　違反行為には消費者庁長官による措置命令が発動される．2016年4月1日には課徴金制度も導入された．このような社会動向に照らせば，環境情報の信頼性の確保を求めるISO 14001：2015の要求事項は，組織が情報開示に関連するリスク（脅威）に備えるために必須の内容であることが理解できるだろう．

　7.4.2（内部コミュニケーション）では，a）で2004年版と同様に"組織の種々の階層及び機能間で内部コミュニケーションを行う"ことが規定されており，2015年版では特に"EMSの変更を含め"という文言が追記された．

　これは"変更のマネジメント"の一環で，統制リスクを管理するうえで必須の事項である．法規制，組織の規則，設備や材料，人など，あらゆる"変更"があった場合，速やかに組織内に伝達されないと，"知らなかった"ということが業務のミスや不祥事につながりかねない．

　b）で，"組織の管理下で働く人々の継続的改善への寄与を可能にする"ためのプロセスの確立要求は，組織にとって改善の機会を見いだす仕組みである．ここでは"継続的改善への寄与"という意味を広く解釈し，統制リスク全般の不備を検出し，その是正に寄与するようなプロセスを確立すべきである．例えば，従業員が組織内で不正行為が行われていることに気付いた場合の"内部通報制度"なども考慮するとよい．

　7.4.3（外部コミュニケーション）の規定は，7.4.1の規定に従って外部コミュニケーションを実施せよとする要求で，すでに述べた情報の信頼性の確保は，特に外部コミュニケーションにおいて留意すべき事項である．

　外部コミュニケーションについて，"順守義務による要求に従って"ということが改めて規定されているが，7.4.1で要求されるコミュニケーションプロセスを確立するときにすでに"順守義務を考慮に入れる"とされているので，重複するように思われるかもしれない．ただし，ここでは"考慮に入れる"ではなく，"従って"であることが重要である．行政への報告だけでなく，先に述べた消費者や投資家に対する情報開示に関する順守義務に関しては，関連する順守義務，特に法的要求事項に従うことが要求されている．この規定も，順

守義務に起因するリスク及び機会に対応するうえで必須の要求事項である.

ISO 14001：2015 では，8.2（緊急事態への対応及び準備）で利害関係者への情報提供が要求されているが，**"リスクコミュニケーション"** という観点からの要求事項は希薄である．しかしながら "リスク及び機会" と "コミュニケーション" の関係を考えるうえでは，リスクコミュニケーションは重要なので，**コーヒーブレイク 9** で基本事項を紹介する．

コーヒーブレイク 9

リスクコミュニケーション

環境省や経済産業省のホームページで，"リスクコミュニケーション" という言葉でサイト内検索をすると，化学物質対策関連のページが開かれる．環境分野では通常 "リスクコミュニケーション" は，事業所が取り扱っている化学物質の危険性の程度やそれに対する管理方法などについて，利害関係者，特に事業所周辺住民に正確に知らせることを意味している．

化学物質に関するリスクコミュニケーションの必要性が認識されるようになったのは，1984 年 12 月にインドのボパールで発生した大規模な有害化学物質の流出事故で，最終的には 15,000～25,000 人の住民が死亡した事件が発端である．事故を起こした工場は，アメリカのユニオンカーバイト社の子会社であったこともあり，アメリカではこうした事故の再発を防止するため，1986 年に "緊急対処計画および住民の知る権利法" が制定された．

1. 利害関係者を正当なパートナーとして受け入れ連携せよ．
2. 注意深く立案し，それを評価せよ．
3. 人々の特定の関心事を聞け．
4. 正直，率直，オープンであれ．
5. 他の信頼できる人々や機関と協調し協同せよ．
6. メディアのニーズに合致せよ．
7. 明確に熱意をもって語れ．

化学物資に関する専門知識を持たない住民に，化学物質のリスクについて説明することは困難を極め，下手をすると感情的な反発が高まり事業の継続が困難となることもありうる．1988 年，アメ

リカ環境保護庁はリスクコミュニケーションを正しく実施するため，上記のような"七つの基本ルール"を公表した．アメリカらしい実践的なルールである．第5項の，企業と住民双方に信頼される第三者を関与させるというルールは非常に重要で有効である．

　わが国では，1999年に"特定化学物質の環境への排出量の把握等及び管理の改善の促進に関する法律"（PRTR法）が制定され，特定の化学物質を使用する事業所に，物質ごとの使用量や排出量の年度報告を義務付け，それが公表される制度が施行されたことで"リスクコミュニケーション"に関する関心が一挙に高まった．PRTR法第4条では，事業者の責務として"対象事業者は，化学物質の管理の状況に関する国民の理解を深めるよう努めなければならない"と規定されている．このため企業では，化学物質の使用情報の公開によって住民や環境NPO等からさまざまな要求が殺到するのではないかと危惧し，リスクコミュニケーション技術の研修などが一時盛んに実施されたが，結果的には住民からの説明要求は少なく，企業の心配は杞憂であった．

4.7　文書化した情報（7.5）との関係

リスク及び機会に関して ISO 14001:2015 が要求する文書化した情報は，6.1.1 で規定される次の2項目だけである（再掲）．

> 組織は，次に関する文書化した情報を維持しなければならない．
> ― 取り組む必要があるリスク及び機会
> ― 6.1.1〜6.1.4 で必要なプロセスが計画どおりに実施されるという確信をもつために必要な程度の，それらのプロセス

第1項は，リスク及び機会の決定プロセスのアウトプット，第2項は，そのプロセスを規定し，プロセスの統制リスクを管理するうえで必要な内容を文書化した情報とすることを要求している．なお，第2項とほぼ同様の規定が，ISO 14001:2015 の 8.1 と 8.2 でも登場する．

附属書 SL と，それに基づいた ISO 14001:2015 での文書化した情報の要求事項の中核となる部分は，次の規定である（7.5.1）．

> 組織の環境マネジメントシステムは，次の事項を含まなければならない．
> a) この規格が要求する文書化した情報
> b) 環境マネジメントシステムの有効性のために必要であると組織が決定した，文書化した情報

b) が極めて重要で，**文書化した情報とする範囲は，組織が"EMS の有効性のために必要である"という観点で自ら決定**すればよく，規格では処方箋的な詳細な規定はしない．これは，附属書 SL の基本的な考え方で，必要なプロセスを自主的に決定するという考え方と同じである．

"**有効性のために必要**"というのは，**計画した結果を達成するために必要という意味**で，計画した結果が得られないという統制リスクを最小化する観点から，組織が判断することを求めている．

ISO 9001:2015 附属書 A.4（リスクに基づく考え方）では，これに関して

次のように述べている.

> この規格で適用されているリスクに基づく考え方によって,規範的な要求事項の一部削減,及びパフォーマンスに基づく要求事項によるそれらの置換えが可能となった.プロセス,文書化した情報及び組織の責任に関する要求事項の柔軟性は,JIS Q 9001:2008 よりも高まっている.

EMS でも QMS でも,組織は,その意図する成果を達成するためにリスク及び機会を決定し,**プロセスも文書化した情報も,必要なものは必要な程度まで確立・作成するという自己責任の姿勢が基本**である.EMS や QMS の仕組みを表面的に整えても,成果を生まないシステムは存在価値がない.そればかりでなく,形骸化と実態からの乖離は,組織にとって重大な脅威となる.

4.8 運用の計画及び管理 (8.1) との関係

8.1 では,"組織は,次に示す事項の実施によって,環境マネジメントシステム要求事項を満たすため,並びに 6.1 及び 6.2 で特定した取組みを実施するために必要なプロセスを確立し,実施し,管理し,かつ,維持しなければならない" という包括的なプロセスの要求が規定されている.

これに関して,附属書 A.8.1 では以下のような説明が掲載されている.

> 組織は,プロセスが,有効で,かつ,望ましい結果を達成することを確かにするために必要な運用管理の方法を,個別に又は組み合わせて選定する柔軟性をもつ.こうした方法には,次の事項を含み得る.
> a) 誤りを防止し,矛盾のない一貫した結果を確実にするような方法で,プロセスを設計する.
> b) プロセスを管理し,有害な結果を防止するための技術(すなわち,工学的な管理)を用いる.
> c) 望ましい結果を確実にするために,力量を備えた要員を用いる.

d) 規定された方法でプロセスを実施する.
e) 結果を点検するために,プロセスを監視又は測定する.
f) 必要な文書化した情報の使用及び量を決定する.

冒頭の"プロセスが,有効で,かつ,望ましい結果を達成することを確かにするために必要な"というのは,プロセスに潜在する統制リスクを,許容できるレベルまで小さくすることにほかならない.a)からf)まで列記されている項目は,図3.2やコーヒーブレイク6で解説した,プロセスが具備すべき要件と同じことである.

2015年改訂では,外部委託したプロセスに対する管理と影響が要求されるようになったが,その方式及び程度も組織の決定事項である.この規定に関して,附属書A.8.1では次のように説明している.

> 請負者を含む外部提供者に関連する運用管理の方式及び程度を決定するとき,組織は,次のような一つ又は複数の要因を考慮してもよい.
> — 環境側面及びそれに伴う環境影響
> — その製品の製造又はそのサービスの提供に関連するリスク及び機会
> — 組織の順守義務

これら三つの項目は,リスク及び機会の三つの発生源に対応している.つまり,個々の請負者を含む外部提供者に付随するリスク及び機会のレベルに照らして適切と思われる管理を実施すればよいことを述べている.

8.1の最後に規定された,ライフサイクルの視点に従って実施する事項a)〜d)は,6.1.2(環境側面)の要求事項に従って,組織の外部(サプライチェーン,バリューチェーン)での組織に関連する著しい環境側面が決定されていなければ,取組みが計画できない.

"ライフサイクルの視点"でどこまで,どのような課題を考慮するかは,組織の状況(4.1及び4.2)で得た知識に基づいて組織が決定する事項である.

特に，利害関係者のニーズ及び期待を十分に考慮して課題の抽出と対応を検討しないと，リスク及び機会を見逃すことになるが，これも結局は組織の能力次第なので，知らないこと，認識できないことへの対応はしようがない．

ライフサイクルの視点での実施事項 d) は，"製品及びサービスの輸送又は配送（提供），使用，使用後の処理及び最終処分に伴う潜在的な著しい環境影響に関する情報を提供する必要性について考慮する．"と規定している．ここで"潜在的な著しい環境影響"が表面化すると，それは組織に好ましくない影響を与える可能性があり，組織にとってのリスク（脅威）である．

実際，2012 年に埼玉県の某製造業者が，ヘキサメチレンテトラミン（HMT）という物質が含まれる廃棄物を処理業者に処理委託した．HMT は塩素と反応すると，ホルムアルデヒドという水道法で禁止される有害物質に変化する前駆物質であるが，処理業者は，それを認識せずに中和処理しただけで利根川水系に排出したため，利根川下流の複数の浄水場で殺菌のために塩素を投入したところ HMT がホルムアルデヒドに変化し，水道用水として給水ができなくなる事件が発生した．こうした事件の再発防止のためにも，リサイクルや廃棄物処理業者に対しては，有害物質の含有情報を正確に伝える必要がある．製品に含有される有害物に関しては，顧客への情報提供も必要になる．

ライフサイクルでの取組みは，自組織を守るためのものであることを認識すべきである．組織の管理下にないからといって，ライフサイクルでの適切な対応を怠ったために取引先又は第三者に損害が発生した場合には，特定の環境法規などで定めがなくても，民法上の不法行為による損害賠償責任が生じる可能性がある．不法行為とは，故意又は過失によって他人の権利・利益を侵害することであり，予見可能性があったにもかかわらず損害の発生という結果を回避すべき義務を怠ったことは過失とされる．損害賠償訴訟のような，組織にとって好ましくない事態を未然に防止するためにも，ライフサイクルの視点での"デューディリジェンス"が不可欠である．

参考までに，ISO 26000:2010（社会的責任の手引）におけるデューディリ

ジェンスの定義を示しておく．

2.4 デューディリジェンス（due diligence）

あるプロジェクト又は組織の活動のライフサイクル全体において，組織の決定及び活動によって社会面，環境面及び経済面に引き起こされる現実の及び潜在的なマイナスの影響を回避し軽減する目的で，マイナスの影響を特定する包括的で先行的かつ積極的なプロセス．

4.9　緊急事態への準備及び対応（8.2）との関係

ISO 14001:2015 では，緊急事態の決定は 6.1.1（リスク及び機会への取組み　一般）で要求されていることからも明らかなように，取り組む必要があるリスク（脅威）の一部であり，顕在化した（実際に起こった）場合には迅速な対応が必要なものである．決定した緊急事態への準備及び対応に関する要求事項は，8.2 で規定されている．

緊急事態の決定（6.1.1）**に伴う最大のリスクは，想定を超えた重大な結果に至ること，さらには想定外の事態が起こることである．** どんなに知識や情報を保有している優良組織でも，未来の全てを予測することはできない．想定外をゼロにすることはできないのである．想定外を含む，リスクマネジメントの限界については，本書第 7 章で詳しく述べる．想定外には，EMS の適用範囲内しか考えない視野狭窄による"考慮外"や，組織内の壁による"守備範囲外"といった低レベルのものが含まれることも多い．これに関しては，本書 4.1（EMS の適用範囲との関係）で述べたことも参考にしていただきたい．

"想定外は避けられない"という限界は認識しつつも，緊急事態を想定しそれに備えることは，自組織だけでなく，利害関係者の被害や損害を小さく抑えることにも寄与する．組織が適切に対応すれば，取引先などの利害関係者からの信頼や評価が向上し，ビジネスの機会が開けることもあり得る．

緊急事態への準備及び対応（8.2）**には，統制リスクが伴う**．統制リスクを

少しでも小さくするために，訓練や教育，組織内外でのコミュニケーション，そして関係機関（行政，消防，警察，保健所など）や利害関係者（取引先や周辺住民など）との連携，協調が不可欠である．

　緊急事態への準備及び対応を，それが起こる現場だけに限定して考えることは誤りである．事業所の緊急事態は，直ちに本社に報告し，事態の重大性次第では，組織のトップを中心とした危機管理体制を立ち上げ，マスコミなどへの対応も適切に実施しなければならない．ここでも，視野狭窄による不十分な対応をすると，一事業所の小さな緊急事態が，全社の存続すら脅かすような重大事件に広がっていくリスク（脅威）があることを認識しなければならない．

4.10　監視，測定，分析及び評価（9.1.1）との関係

　ISO 31000 が規定する正式なリスクマネジメントプロセス（本書 2.5 図 2.2）に見られるように，"モニタリング及びレビュー" は "コミュニケーション及び協議" とともに，**リスクマネジメントプロセス全般にわたって不可欠な要素**である．ISO 31000 では，モニタリング及びレビューについて次のような指針を示している．

5.6　モニタリング及びレビュー

　モニタリング及びレビューの両方は，リスクマネジメントプロセスの中の一部として計画されること，及び定常的な点検又は調査が含まれることが望ましい．モニタリング及びレビューは，定期的に又は臨時で行うことができる．

　モニタリング及びレビューに関する責任を明確に規定することが望ましい．

　組織のモニタリング及びレビューのプロセスは，リスクマネジメントプロセスのすべての側面を網羅し，次の目的を果たすことが望ましい．

　　─　管理策が，設計及び運用の双方において，効果的かつ効率的であることを確実にする．

― リスクアセスメントを改善するための更なる情報を入手する．
― 事象（ニアミスを含む．），変化，傾向，成功例及び失敗例を分析し，そこから教訓を学ぶ．
― リスク基準，並びにリスク対応及びリスクの優先順位の見直しを必要とすることがあるリスク自体の変化を含む，外部及び内部の状況の変化を検出する．
― 新たに発生しているリスクを特定する．

ISO 14001:2015 の 6.1.4（取組みの計画策定）の要求事項では，"9.1 参照"と 2 か所に記載されている．該当部分を再掲する．

1) その取組みの環境マネジメントシステムプロセス（6.2，箇条 7，箇条 8 及び 9.1 参照）又は他の事業プロセスへの統合及び実施
2) その取組みの有効性の評価（9.1 参照）

9.1（監視，測定，分析及び評価）を参照しているのは，ISO 31000 の指針と同様，リスク及び機会への取組みにおいて監視，測定，分析及び評価が不可欠であるからにほかならない．リスク及び機会への取組みの有効性評価が不十分であると，失敗や不祥事が繰り返され，利害関係者の信頼を失うなど，組織にとって大きなリスクになる．

リスク及び機会への取組みに対しては，9.1.1（一般）に規定される，a），b），d），e）の 4 項目を明確に決定する必要がある．

組織は，次の事項を決定しなければならない．
a) 監視及び測定が必要な対象
b) 該当する場合には，必ず，妥当な結果を確実にするための，監視，測定，分析及び評価の方法
d) 監視及び測定の実施時期
e) 監視及び測定の結果の，分析及び評価の時期

これに加えて，ISO 9001:2015では，外部及び内部の課題（4.1）や利害関係者のニーズ及び期待（4.2）に関する情報の監視が要求されていることも参考にするとよい．組織の状況に関する知識を獲得するためには，組織内外の多様なコミュニケーションが不可欠であり，コミュニケーションプロセスを通じて，組織は組織の状況の変化を監視することで，リスク及び機会への取組みの適時・適切性を維持することが可能になる．

4.11 順守評価（9.1.2）との関係

順守義務は，組織にとってリスク及び機会の発生源の一つであるから，リスクマネジメントの観点からも順守評価は重要である．

ISO 14001:2015の9.1.2（順守評価）では，必要なプロセスを確立し，そのプロセスによって"順守状況に関する知識と理解を維持する［c)］"ことが求められる．**"維持する"**とは，古い知識と理解の保持ではなく，知識と理解を常に最新化しておくことを意味している．

順守評価には，すでに適用している順守義務に照らして，適切に実施されているかどうかを確認するという，統制リスク管理としての意味がある．それに加えて，法規制を中心に**順守義務の変化**（**法改正や新法制定**など）について監視し，評価することがリスク及び機会の観点からは重要である．

法規制の変更は，ある日突然行われるわけではない．ほとんどの場合，既存の法規制では対処が不十分となるような社会的事件を契機に，行政での審議会・研究会，重要な変更は国会審議などを経て公布・施行される．法規制の変化の動向は，"外部の課題"として認識すべき事項であり，組織は対応について事前に十分に検討することで，リスクや機会を見極めることが可能となる．

4.12 内部監査（9.2）との関係

ISO 14001:2015の9.2（内部監査）の要求事項で，2004年版との差分（ギャッ

プ）として最も重要な変更は，EMS が"**有効に実施されている**"ことが要求されるようになったことである［9.1.2 b)］．これは 2004 年版では，"適切に実施されている"とされていた部分である．2015 年改訂によって，EMS の内部監査でも有効性監査が求められ，認証審査でも有効性が審査対象となる．

有効性監査とは，組織が決めたことが定められたルール（プロセス）に従って実行され，計画した結果を出している（出すように運用管理されている）ことを，監査対象の業務から独立した立場の内部監査員が確認することである．リスク及び機会に限らず，著しい環境側面や順守義務に関する取組みも，課題ごとに対応するプロセスは様々で，その内部統制の一義的な責任は，当該プロセスの責任者（プロセスオーナー）にある．

内部監査は，それを当該プロセスから独立した人の目で確認することによって，内部の人が見落としている可能性がある管理の不備を検出し，是正につなげることに意味がある．

本書で用いている"固有リスク"や"統制リスク"という用語（概念）は，もともと"監査論"の世界で形成されてきたもので，"監査"と"リスク"には密接な関係がある．

監査の世界では，"固有リスク"と"統制リスク"に加えて"**発見リスク**"と呼ばれるリスクがある．これは，簡単にいえば，監査で不具合を見落としてしまうリスクである．EMS の内部監査はもとより，公認会計士による公式な財務監査でも，監査に投入できる資源としての時間や人数には限りがある．資源の制約の中で，発見リスクを許容可能な範囲にまで低減するために，固有リスクや統制リスクを評価し，問題がありそうな重要な活動やプロセスを見極めたうえで，監査の時間や人を重点的に投入する．

そして，監査では全てを精査することは不可能であるから，"サンプリング"で確認せざるを得ないが，それを場当たり的に実施するのではなく，リスクのレベルに応じて適切なサンプリングを実施しなければならない．すなわち，**監査では，監査計画を十分に検討して計画的に実施することが肝要**で，ISO 14001 の内部監査で"内部監査プログラム"が要求されているのはこのためである．

4.12 内部監査（9.2）との関係

内部監査には，認証審査にはない機能を果たすことが期待されている．それは，**非監査側に対するコンサルティングや支援機能**である．認証審査ではコンサルティングは禁止されているが，内部監査では積極的に実施するほうがリスク及び機会の取組みの有効性を向上する観点からは望ましい．

　この見解は筆者の個人的見解ではなく，内部監査人のための国際機関である内部監査人協会（IIA：The Institute of Internal Auditors）と，それに対応する国内団体である一般社団法人日本内部監査協会の見解として，公にされているものである．

　監査とリスクの関係については，本書第6章で詳しく解説する．

4.13　マネジメントレビュー（9.3）との関係

　ISO 14001:2015 の 9.3（マネジメントレビュー）では，トップマネジメントの考慮事項として次の規定がある．

　b）次の事項の変化
　　1）環境マネジメントシステムに関連する外部及び内部の課題
　　2）順守義務を含む，利害関係者のニーズ及び期待
　　3）著しい環境側面
　　4）リスク及び機会

　変化のレビューについて，2004年版ではインプット項目の g）に"環境側面に関係した法的及びその他の要求事項の進展を含む，変化している周囲の状況"という1項目が規定されているだけであった．つまり，レビュー項目のほとんどが，"内部監査の結果"，"目的及び目標の達成されている程度"などの"結果"のレビューに重点が置かれていた．

　これに対して，2015年改訂では"変化"のレビューに重点が移っている．変化は，組織にリスク及び機会をもたらすものである．グローバル化と技術革新が急速に進む現代，変化のスピードは20年前とは比較にならないほど早く，

変化に迅速に対応できない組織は存続すら難しい.

マネジメントレビューで最も重要なのは，経営者としての目線で，自らの組織が組織の状況や利害関係者のニーズ及び期待の変化に適応できているかどうかをレビューすることである.

機会に関しても，継続的改善の機会を考慮し［g)］，アウトプットとして"継続的改善の機会に関する決定"が要求されている．これに加えて，"他の事業プロセスへの環境マネジメントシステムの統合を改善するための機会"に関する決定も要求されている．マネジメントレビューの実施については，2015年版の附属書A.9.3で次のような解説が掲載されている.

> マネジメントレビューは，高いレベルのものであることが望ましく，詳細な情報の徹底的なレビューである必要はない．マネジメントレビューの項目は，全てに同時に取り組む必要はない．レビューは，一定の期間にわたって行ってもよく，また，役員会，運営会議のような，定期的に開催される管理層の活動の一部に位置付けることもできる．したがって，レビューだけを個別の活動として分ける必要はない.

マネジメントレビューも4.1，4.2及び6.1などと同様に"高いレベル"，すなわち経営層の視点で行うもので，運用レベルの詳細にまで踏み込む必要はない．また，組織の通常業務として実施される役員会などの中で実施することもできるとされ，つまり**マネジメントレビュー自体を組織の事業プロセスに組み込むこと**が示唆されている.

マネジメントレビューの形骸化は，組織とそのEMSにとって最大のリスク（脅威）となるといっても過言ではない．現代の組織経営をとりまく状況変化のスピードを見れば，年1回のマネジメントレビューで組織の状況の変化とそれに伴うリスク及び機会の変化への十分な対応ができるとは思われない．トップマネジメントが，"EMSの有効性に説明責任を負う"という要求事項［ISO 14001：2015 5.1 a)］を真摯に受けとめて，まず**マネジメントレビューのあり方を見直すこと**を強くおすすめしたい.

4.14 改善一般（10.1）との関係

ISO 14001:2015 の 10.1（改善　一般）の要求事項は，次のように簡潔な一文である．

> 組織は，環境マネジメントシステムの意図した成果を達成するために，改善の機会（9.1，9.2 及び 9.3 参照）を決定し，必要な取組みを実施しなければならない．

これに対応する附属書 A.10.1 では，次のような説明がある（抜粋）．

> 改善の例には，是正処置，継続的改善，現状を打破する変更，革新及び組織再編が含まれる．

この要求事項は附属書 SL にはなく，ISO 9001 の 2015 改訂審議の中で形成されたもので[*5]，ISO 14001 の 2015 年改訂では ISO 9001 との整合性の観点からあまり議論することなく，ISO 9001:2015 の 10.1 の中心となるテキストを借用したというのが実状である．

附属書 SL や ISO 14001:2015 では，マネジメントレビューで継続的改善の機会を考慮し，アウトプットに継続的改善の機会の決定を含めることが要求されているが，ISO 9001:2015 では，この部分も全て"改善"という用語に置き換えている．しかし，**"継続的改善"は"改善"に含まれる**と説明されているので，ISO 14001 でもマネジメントレビューで決定した継続的改善の機会に対する取組みを実施すれば，この要求事項に適合できる．

しかしながら，せっかく"改善"という要求事項を導入したのだから，継続的ではない"改善"についても ISO 9001 と同様に検討するとよい．本書の主題である"リスク及び機会"への取組みに関しても，"改善"の例として提示

[*5] 背景には，品質マネジメントの原則（QMP）の改訂があるが，本書では立ち入らない．

されている"現状を打破する変更","革新","組織再編"というような**戦略的な対応を含めた経営的視点で考えることが，現代の組織，特に企業には求められ**ている．"現状を打破する変更","革新","組織再編"といった取組みには，失敗するリスク（脅威）はつきものだが，成功すれば，現場レベルでの小さな改善の積重ねでは達成できないような，大きな成果をもたらすこともあるだろう．

4.15　不適合及び是正処置（10.2）との関係

ISO 14001:2015 の 10.2（不適合及び是正処置）で，予防処置に関する要求事項が姿を消した理由は，リスク及び機会に関する要求事項の導入によるものである．

2015 年版では，"予防処置"という用語は削除されたが，10.2 の b) の 3) に，"類似の不適合の有無，又はそれが発生する可能性を明確化する"ことが要求されている．

"類似の"という言葉の意味は特に解説されていないが，"同一の"という表現よりは広く，組織はできるだけ広く解釈したほうがよい．"本来の予防処置は計画段階で組み込むもの"という附属書 SL の考え方は正しいが，計画段階で全てが想定できるものではない．やはり実際の不適合に遭遇し，その原因究明を通じて，計画段階では想定できなかった新たな課題（ヒューマンエラーやシステムエラー）が認識されることが多い．

そうした気付きをどこまで拡大するかは組織次第であるが，"類似の"という意味をできるだけ広くとらえて，不適合とその是正処置を契機として気付く"予防処置"への対応に関する要求事項は，残されていると考えるほうがよい．不適合の発生とそれに対する是正処置の実施は，"失敗学"の観点（本書 3.3 参照）からは宝の山であり，統制リスクの管理を向上させる絶好の機会を提供するものである．

4.16　継続的改善（10.3）との関係

　当然ながら，本書のテーマであるリスク及び機会への取組みも，継続的改善の要求事項の対象となる．ISO 31000 では，箇条 3 で"リスクマネジメントの原則"を a) から k) まで 11 項目列挙しているが，j) 及び k) で，継続性と継続的改善の重要性に言及している．

> j) **リスクマネジメントは，動的で，繰り返し行われ，変化に対応する．**
> リスクマネジメントは，継続的に変化を察知し，対応する．それは，外部及び内部で事象が発生し，状況及び知識が変化し，モニタリング及びレビューが実施されるにつれて，新たなリスクが発生したり，また，既存のリスクの中には変化したり，又はなくなったりするものがあるからである．
>
> k) **リスクマネジメントは，組織の継続的改善を促進する．** 組織は，自らのリスクマネジメントの成熟度を改善するために，他のの側面とともに，戦略を策定し，実践することが望ましい．

　また，本書の図 2.2 で ISO 31000 が規定する正式なリスクマネジメントプロセスを示しているが，プロセスがループになっていることが重要である．これについて，ISO 31000 の 4.6（枠組の継続的改善）では次のように説明しているので，参考にしていただきたい．

> モニタリング及びレビューの結果に基づいて，リスクマネジメントの枠組み，方針及び計画がどのように改善できるかについて意思決定を行うことが望ましい．この意思決定は，組織のリスクの運用管理及びリスクマネジメント文化の改善につながることが望ましい．

第5章
複数マネジメントシステムの統合的利用と"リスク及び機会"

5.1　事業プロセスへの統合の必要性

　2012年以降，新たに制定・改訂されたISO MSSは，ほとんどが附属書SLに準拠している．このため，組織が複数のMSSを採用する場合，その統合的利用は従来より格段に容易化している．

　附属書SLのSL 9.1（序文）では，その制定の意図については，次のように述べられている．

> この文書の狙いは，合意形成され，統一された，上位構造，共通の中核となるテキスト，並びに共通用語及び中核となる定義を示すことによって，ISOマネジメントシステム規格（MSS）の一貫性及び整合性を向上させることである．

　そして，規格ユーザにとってのメリットについては，公開されているFAQの中で次のように述べられている（FAQ 7 整合化のメリットは何か）．

> 附属書SLは，複数のマネジメントシステム規格の要求事項を同時に満たす単一のマネジメントシステムシステム（"統合マネジメントシステム"と呼ぶ場合もある．）を運用することを選択した組織にとっては，特に有益なものとなる．

　複数MSSの統合を目指す組織は次第に増えていると思われるが，ここで改めて"統合"の意味を確認しておきたい．

附属書 SL の 5.1（リーダーシップ及びコミットメント）に"組織の事業プロセスへの XXX マネジメントシステム要求事項の統合を確実にする"ことが規定されたことで，全ての ISO MSS の適用において"事業プロセスへの統合"を検討しなければならない．

図 5.1 に，"統合"の概念を二つ示す．

図の左側は，例えば，EMS と QMS で別であった事務局とマニュアルを一本化し，内部監査も認証審査も統合したが，それが事業プロセスとは統合されていないことを示している．それに対して右側は，EMS や QMS の要求事項を全て事業プロセスの中に組み込んで実施していることを示している．

ISO が考える"統合"は右側であり，**どのような分野の MSS の要求事項でも"事業プロセス"に統合することで，結果的に組織の中には，複数の MSS の要求事項に適合した単一の事業プロセスができあがる．**

"事業プロセスへの統合"の必要性については，MSS の認証制度側からも要請されていた．2007 年に認証機関を認定するための要求事項として **ISO/IEC 17021**：2006（JIS Q 17021：2007，適合性評価―マネジメントシステムの審査及び認証を行う機関に対する要求事項）が発行され，それに基づく認定制度に移行する際，公益財団法人日本適合性認定協会（JAB）は 2007 年 4 月 13 日付で"マネジメントシステムに係る認証制度のあり方"と題したコミュニケを発表した．

コミュニケでは，組織のマネジメントシステムについて次のように述べている．

図 5.1　複数の MSS の統合とは

規格要求事項の視点から組織のマネジメントシステムを捉えるあまり，ともすると組織の本来業務とは別の異なる仕組みとして，規格ごとに個別に構築，運用するケースが見られ，また第三者による認証審査も，これを見過すばかりか，むしろ助長しているとの利害関係者からの意見も見られる．

本来，組織のマネジメントシステムは，組織のビジネス及び組織が社会の一員として行う付帯業務をマネージするただ一つのシステムである．

マネジメントシステム規格の要求事項は，各々の段階で第三者認証を受けるか否かではなく，組織のビジネスの流れに基づいた一つのマネジメントシステムの中に組み込まれ，統合一体化されて，初めて有効に機能する．

本書の主題であるリスク及び機会への取組みは，組織の内部統制と不可分の関係にある．内部統制を，組織の一部や特定の分野に限定して構築・運用する組織はないだろう．組織の経営層がリスク及び機会への取組みを真剣に考えれば，MSSの分野ごとの取組みから，全社的リスクマネジメント（ERM）の方向に進むことは必然である．

5.2 複数MSSの統合の基本

附属書SLは，ISOガイド83（マネジメントシステム規格で使用する上位構造，共通の中核となるテキスト並びに共通用語及び中核となる定義）として承認された後に，附属書SLとして"ISO/IEC専門業務用指針・統合版ISO補足指針"に掲載された（第2章2.2）．附属書SLの正式な表題は"マネジメントシステム規格の提案"であり，その内容はISOガイド83による規定だけでなく，ISOガイド72（マネジメントシステム規格の正当性及び作成に関する指針）という文書を合わせたものになっている．

ISOガイド72は，MSSの安易な増殖を防ぎ，策定する場合はMSS間の整合化に配慮することを求める指針として，2001年にTMBによって策定された．

ISOガイド72は新たなMSSの開発を提案する際に，その必要性や妥当性の

事前評価を提案者に義務付けるとともに，MSS を構成する共通要素を附属書 B として提示し，新規規格開発時に参照することを推奨していた．ISO ガイド 72 が提示する共通要素には附属書 SL のような強制力はなかったが，これによって 2001 年以降に開発された MSS の構造はある程度の共通性を持つことになった．表 5.1 に ISO ガイド 72 が規定した MSS の共通要素の構成を示す．

2006 年 8 月，英国規格協会（BSI）は，ISO ガイド 72 が規定した共通要素を多少修正した構成に基づいて"共通マネジメントシステム要求事項"のテキストを開発し，**BS PAS 99**:2006（統合のための枠組みとしての共通マネジメントシステム要求事項の仕様書）を発行した．PAS とは，"公開仕様書（Publicly Available Specification）"と呼ばれるもので，正式な規格より合意レベルが低

表 5.1　ISO ガイド 72　附属書 B 表 1　ISO MSS の共通要素

全 MSS に共通する主題	共通要素
B.1　方　　針	B.1　方針及び原則
B.2　計画策定	B.2.1　ニーズと要求事項の特定及び重点課題の分析 B.2.2　対応すべき重点項目の選択 B.2.3　目的及び目標の策定 B.2.4　資源の特定 B.2.5　組織体制，役割，責務，権限の明確化 B.2.6　運営プロセスの計画 B.2.7　予見可能な事象のための適切な準備
B.3　実施及び運営	B.3.1　運営管理 B.3.2　人的資源のマネジメント B.3.3　その他の資源の運用管理 B.3.4　文書化及びその管理 B.3.5　コミュニケーション B.3.6　供給者及び請負者との関係
B.4　パフォーマンスの評価	B.4.1　監視及び測定 B.4.2　不適合の分析及び取扱い B.4.3　システム監査
B.5　改　　善	B.5.1　是正処置 B.5.2　予防処置 B.5.3　継続的改善
B.6　マネジメントレビュー	B.6　マネジメントレビュー

い，暫定規格という位置付けの文書である．PAS 99 発行の意図は以下に引用する序文で述べられているが，後の附属書 SL との最大の相違点は，PAS 自体が認証用規格として発行されていることである．

BS PAS 99：2006　序文（抜粋）
　PAS 99 は主として，二種類以上のマネジメントシステム規格の要求事項を実施している組織によって使用されることを予定している．この PAS の採用は，複数のシステム規格及びこれに関連する適合性評価の実施を簡素化することを意図している．（中略）
　この PAS を順守していても，それだけで他のいかなるマネジメントシステム規格又は仕様書への適合を確実にするものではない．認証を求めて，各マネジメントシステム規格の特定の要求事項を達成しようとするのであれば，各マネジメントシステム規格の特定の要求事項に対処し，それを満たす必要があり続ける．この PAS を基準とする認証それだけでは，適切でない．

PAS 99 の構成を図 **5.2** に示す．

共通要素は，表 5.2 に示すものと似ているが，重要な変更点がある．それは，4.3.1 のタイトルが"側面，インパクト及びリスクの特定並びに評価"とされ，"リスク"が計画策定における共通要求事項の柱となっている点である．リスクは，複数のマネジメントシステムを統合するうえで中心的役割を果たすものであることを示すために，関連する用語の定義と，中心となる要求事項を以下に掲載する．

3.1　側面
　インパクト（3.4 参照）を与えるか又は与える可能性のある活動，製品又はサービスの特性
　備考 1　この概念の補足説明については，A.4.3.2 を参照．
　備考 2　重大な側面は，重大なインパクトを与えるか又は与える可能性がある．

3.4 インパクト

組織の方針のコミットメント及び目標，組織の利害関係者，組織自体及び / 又は環境への効果

備考　効果には，肯定的なもの又は否定的なものがある．

3.9 リスク

目標にインパクトを与える事象が発生する可能性

備考 1　リスクは通常，ある事象の発生する可能性とその結果を合わせたものによって決定する．

備考 2　事象は，ある側面（3.1 参照）の発生と，それに付随する，その結果としてのインパクト（3.4 参照）である．

備考 3　リスクの補足説明については，A.3 を参照

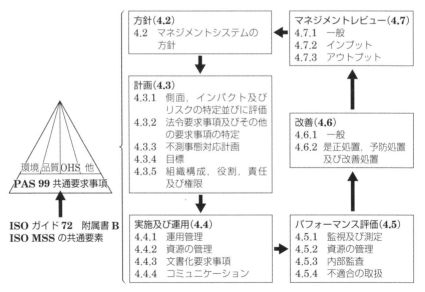

図 5.2　統合の枠組としての共通マネジメントシステム要求要素（PAS 99）

"側面"は，ISO 14001における環境側面の概念を一般化したもので，"対処すべき課題"のことである．

"リスク"の定義は，"インパクト"の定義を合わせて読めば，附属書SLの定義とほぼ同じである．PAS 99の4.3.1の要求事項は次のとおりである．

4.3.1 側面，インパクト及びリスクの特定並びに評価

次の目的で，組織は手順を確立し，実施し，維持しなければならない：

a) マネジメントシステムの適用範囲に関連する活動，製品及びサービスの側面を特定する．

b) 重大なインパクトを与えるか，又は与える可能性のある側面（すなわち重大な側面）を決定し，記録することによって，組織にとってのリスクを評価する．

（以下略）

PAS 99では、その附属書A.3（リスク，側面及びインパクト）で次のように解説されている．長くなるが，重要な考え方なので引用する．

A.3 リスク，側面及びインパクト

現代のマネジメント規格の中核に位置するのは，"リスク対応型アプローチ"である．これは，リスクの定義との組合せによるマネジメントシステムの定義から認識することができる．マネジメントシステムは，組織が方針を確立して目標を達成することを支援する．リスクとは，目標にインパクトを与える可能性のある事態である．したがって，目標を達成するために，リスクを管理するためのマネジメントシステムがあるというのは理にかなったことである．

分野によっては，リスク対応型アプローチが，当然満たさなければならない法令要求事項（例えば，安全性）に密接に関係してくる．ISO 9001は一見したところ，品質に関係する重要な特性を明確化し，評価することに関する一般要求事項がないため，リスク対応型アプローチについては明

確に記述していない．しかしながら，顧客要求事項及び規制要求事項は，特定する必要があり，これらの要求事項が満たされているということを確実にするために行う，組織のプロセスの評価，コントロール及び監視のための基礎となるものである．これらの要求事項は満たされているということを確実にするため，多くの組織はリスクアプローチを取り入れるために，品質システムに FMEA（故障モード影響解析）のような手法を適用している．

リスクを評価するための要求事項は，労働安全衛生，情報セキュリティ，食品安全マネジメントシステムの主動因であり，今後のすべてのマネジメントシステム規格を特徴付けるものとなるだろう．

冒頭で，"リスク対応型アプローチ"が現代のマネジメント規格の中核であると断言している．本書でも，現代の経営の本質はリスクマネジメントであることを，コーヒーブレイク 1 をはじめ随所で述べているが，附属書 SL の開発に着手する以前からこのような認識が示されていたのである．

環境マネジメントシステムにおける著しい環境側面や，労働安全衛生及び食品安全マネジメントシステムにおけるハザード，情報セキュリティマネジメントシステムにおける脅威や脆弱性は，全て組織に対して好ましくない影響を及ぼす可能性があるため，組織が対処すべき課題であり，管理すべきリスクである．

これに対して，従来の ISO 9001 はリスクが表面に出ていないように見えるが，製品に関連する要求事項（顧客が規定した要求事項と製品及びサービスに適用される要求事項）を明確にして，その確実な達成によって"顧客満足"を実現するために"プロセスアプローチ"を採用していることを指摘している．

そのうえで，"リスク対応型アプローチ"は"プロセスの評価，コントロール及び監視のための基礎となる"という説明は，プロセスに関する統制リスクを明確にして適切に管理することで，プロセスの有効性が確保されるとする本書の解説と同じことを述べている．

附属書 SL の適用を通じて，"リスクに基づく考え方"がほぼ全ての MSS の

共通要求事項となったことで,"リスクを評価するための要求事項は,今後の全てのマネジメントシステム規格を特徴付ける"というPAS 99の指摘どおりになった.

PAS 99では,"プロセスアプローチ"について,特にリスク管理との関連で次のように述べている.

A.2 プロセスアプローチ

ISO 9001は,効果的,かつ,効率的な製品又はサービスを提供するために,管理の必要な領域を特定するためのプロセスアプローチを用いている.その他の規格/仕様書の中には,このような要求事項のないものがあるが,効率的な管理策がないと,利害関係者によってはリスクとなることがあることから,このアプローチは,組織が管理する必要のある全ての問題点を特定し,次に制御する必要のある側面を明確にするために有効に使用される.

附属書SLでは,"プロセスアプローチ"という表現は使用されていないが,これまでの"手順"を求める要求事項から,"プロセスとその相互作用"に基づいたマネジメントシステムの確立を求める形に変わり,ISO 14001:2015でも手順を求める要求事項は全廃され,手順の定義まで削除された.

ISO 9001では特にプロセスに潜在するリスク,すなわち,本書がいうところの統制リスクに明確に対処することで,QMSの有効性が向上することが強調されている.**リスクマネジメントにおける"プロセス"の考え方の有用性は,EMSを含めて,全てのマネジメントシステムにおいて共通である.**

BSIは2010年8月,PAS 99の共通要求事項の部分を,JTCGが同年末までに開発する予定のもの(後の附属書SL)に置き換えた,新たな国際規格"共通マネジメントシステム要求事項―複数の整合化したマネジメントシステム規格を適用する枠組みの指針"の開発提案を行った.BSIは第三者認証規格にはしないと表明し,ISO/TMB(技術管理評議会)で取扱いが審議されたが,結

局正式な新業務項目提案（NWIP）として加盟国投票に付されることはなく，この計画は立ち消えとなった．TMB における審議の詳細は明らかになっていないが，後に附属書 SL となったように，共通要求事項だけを独立した ISO 規格（有料）とすることに TMB で合意が得られなかったものと思われる．

ところで，複数の MSS の統合的利用に関する ISO の基本的考え方，すなわち，"事業プロセス"へのマネジメントシステム要求事項の統合という考え方は，附属書 SL より早くから示されている．

2004 年に ISO/TMB が『Handbook on the Integrated Use of Management System Standards（マネジメントシステム規格の統合的な利用）』と題したハンドブックの開発を決議した．ハンドブックは，2008 年 6 月に ISO で発売され，2009 年 4 月に日本規格協会から邦訳版が発行されている．

この本の目的は，複数の ISO，もしくは非 ISO MSS の要求事項を組織のマネジメントシステムにいかに統合するかに関するアプローチを提供することと述べられており，附属書 SL の要求事項となった "事業プロセスへの統合" について解説している．

ハンドブックでは，"Jim the Baker" という小さな町の架空のパン屋が評判を呼び，事業規模を拡大する中で ISO MSS[*6] の要求事項に適合した独自のマネジメントシステムを構築していく過程が，イラスト入りでやさしく解説されている．"Jim the Baker" のサクセスストーリーに加えて，ゼネラルモーターズ（GM），IBM，マンダリンオリエンタルホテルなど，世界の様々な分野及び規模の 15 企業での実践の事例が随所に紹介されている．

同書第 3 章（マネジメントシステム規格の要求事項の統合）の冒頭で，**成功事例から学ぶべき原則**として，次の 2 項目が提示されている．

[*6] 当時 ISO 規格ではなかった労働安全衛生マネジメントシステム，OHSAS 18001 も含んでいる．

- 統合は，組織の全体的なマネジメントシステムに複数のマネジメントシステム規格の要求事項を一体として融合させるプロセスである．
- 統合の結果は，複数のマネジメントシステム規格の要求事項を満たす，単一のマネジメントシステムの方向へと組織を向かわせることである．

同書 3.4 節（MSS の要求事項と組織のマネジメントシステムを結合しよう）では，**実践事例に共通するアプローチ**として，次のように総括されている．

取りあげた実在の事例に共通するのは，いずれも構造化された単一のマネジメントシステムを統合の基盤として利用している点である．（中略）

最も重要な点は，すべてのアプローチが組織の基盤となっているシステムを把握しそれに焦点を合わせて推進されたということである．

組織は，複数のマネジメントシステム規格の要求事項への対処を，それらを統合化に向けて再構築したプロセスに関係づけそして結合することによって可能にしている．多くのケースで，その関係性は，要求事項を組織のプロセス又は手順，つまり基盤となっているシステムにマップすることで規定された．製品実現プロセス[*7]は，マネジメントシステムの背骨として基本であることから，統合の基礎としても一般的に利用されている．さまざまな事例研究は，統合にプロセスアプローチが使用されていることを示している．

プロセスアプローチが，複数 MSS の統合を考えるうえで有効であるという指摘は重要であり，PAS 99 が提示した考え方とも整合している．これを踏まえて，ハンドブックが提示する複数の MSS の統合の進め方を**図 5.3** に示す．

最初のステップである **"MS を構造化する"** とは，組織の現状のマネジメントシステム（事業プロセスとその相互のつながり）がどのように構成され，ど

[*7] "製品実現プロセス" は，ISO 9001:2008 で使用されていた用語である．同規格の箇条 7 で規定される，設計・開発，購買，製造及びサービス提供といった一連のプロセス群のことで，コーヒーブレイク 10 で示した基幹業務プロセスに対応している．

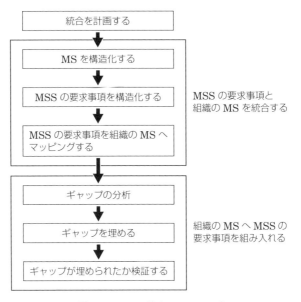

図 5.3　MSS 統合のステップ

のような活動を実施しているのか，"見える化"することである．ISO 14001：2015 や ISO 9001：2015 など，附属書 SL を基本とする MSS で要求される"事業プロセスへの統合"を検討するうえでも，この作業は不可欠である．これを効率的に実施するためには，組織の事業プロセスには基本的な階層構造があることを認識したうえで，上位の（マクロな）プロセスから必要に応じて下位のプロセスに展開していくとよい．事業プロセスの基本構造については，**コーヒーブレイク 10** で紹介する．

　コーヒーブレイク 10 に示した事業プロセスの三つのマクロプロセスは，それぞれを複数のサブプロセスに分解したり，階層構造に展開することができる．プロセスをどの程度まで詳細にブレイクダウンするかは，組織の規模や業種に関連するとともに，組織がプロセスを可視化する必要性によって決定すればよい．ISO 9001 の 2000 年改訂で導入されたプロセスアプローチの実施経験に

よれば，"組織は必要以上にプロセスを細分化する傾向がある"と指摘されていることを念頭に置いておくとよい．

マネジメントシステムやプロセスの可視化技法については，コーヒーブレイク6で紹介したタートル図を含む様々な手法・技法があるが，本書ではその解説は割愛する．興味のある方は，拙著『効果の上がる ISO 14001:2015 実践のポイント』(日本規格協会，2015 年)などを参照されたい．

次のステップである"**MSS の要求事項を構造化する**"とは，統合したい複数の MSS に共通な要素とその相互関係を明らかにすることである．先に紹介した BS PAS 99 では，複数 MSS による対処すべき課題の決定に関する要求事項を"側面，インパクト及びリスク"という概念で包括的にとらえ，図 5.2 の右側に示す構成を共通要求事項としていた．

現在では，ISO 14001 や ISO 9001 などの MSS は附属書 SL を土台として策定されているので，それらの基本的な構造は共通である．それでも，環境や品質といった分野ごとに固有の要求事項が追加されているので，固有部分の構造の共通性の程度を検討する．分野固有に追加された要求事項の中には，分野独特で他の分野との共通性がないものもあるので，そうした部分はその分野専用のプロセス又は活動としてとらえればよい．

こうして，分野個別の要求事項を含めた MSS の要求事項の構造が確定できれば，それを組織の既存のマネジメントシステムの構造と突き合わせ，両者の共通性や類似性を検討して，規格が要求するプロセスや活動を組織の事業プロセスやその活動に対応付け(**マッピング**)する．

既存のプロセスや活動に，規格が要求する内容に対応できるものがない場合には，それらを"ギャップ(差分)"として認識し，既存のプロセスを修正するか，もしくは新たなプロセス(又はサブプロセス)を追加するか，組織にとって最も効率的で有効な対処方法を決める(**ギャップを埋める**)．修正・追加された事業プロセスが規格の要求事項を満たすことができているかどうかの**検証**が終われば，統合が完了する．

コーヒーブレイク 10

事業プロセスの基本構造

事業プロセスの基本構造は，下に示す3階層モデルがいかなる業種・規模の組織にも適用できる．

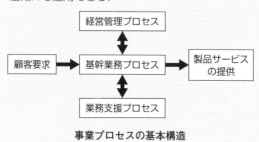

事業プロセスの基本構造

中央の"基幹業務プロセス"は，製造業なら製品を設計・製造する，小売業なら商品を販売する，サービス業ならサービス（例えば通信や輸送手段など）を提供する業務で，顧客に対して価値を提供して対価を得るという，組織の基幹業務である．

しかし"基幹業務プロセス"だけで仕事が成り立っているわけではない．設備の維持管理や廃棄物管理，人事，経理など"業務支援プロセス"があってこそ基幹業務プロセスが機能できる．"経営管理プロセス"は，経営者による組織目標の設定（売上や生産目標，利益率など）や，組織の業務を適正に管理するための社内規則や体制の整備など，意思決定プロセスと内部統制プロセスから構成される．"事業プロセスへの統合"とは，EMS や QMS の要求事項をこれらの3階層のプロセスのどこかに位置付けて基本的な社内規則などと関連付け，会社の通常の業務プロセスの一部として実施することである．

5.3　ISO 9001：2015 との統合

ISO 14001：2015 と ISO 9001：2015 の二つの規格を組織に適用する場合，特に両者の統合を意識しなくとも，双方で事業プロセスへの統合が要求されるため，正しく適用すれば結果として統合化されるはずである．

本節では，ISO 14001：2015 と ISO 9001：2015 の統合を検討する場合を例に，図 5.3 の各ステップで注意すべき事項を述べる．

最初のステップである"**MSを構造化する**"では，組織として単一の構造が確認されなければならない．EMSとQMSの所管部門はもとより，各事業部門で組織のMSの構造に関して異なるとらえ方（認識）をしていると，事業プロセスへの統合の考え方がバラバラになり，ISO 14001:2015とISO 9001:2015の統合が実現できないだけでなく，EMSやQMSが実態から乖離し，形骸化してしまう．

　自組織の事業プロセスの構造について，トップマネジメントを含め，組織内で認識が共有されることが統合の基本である．

　次のステップである"**MSSの要求事項を構造化する**"では，附属書SLによってISO 14001:2015とISO 9001:2015の基本構造は統一されているので，環境及び品質分野固有の要求事項に関して，更に共通の構造がないかどうか検討すればよい．環境，品質それぞれの分野固有の要求事項の中で，両規格の統合（統合的利用）の検討において重要と思われる差異を**表5.2**に示す．

　細かく見れば，これ以外の細分箇条でも分野固有の差異は多数ある．例えば箇条4や5でも，附属書SLの規定に環境や品質分野固有の要求事項が追加されている．これらの部分では，例えば"組織の状況"として決定すべき内容や，"コミットメント"及び"方針"でカバーする項目が増えるものの，プロセスや活動の基本的な機能が変わるような要求事項が追加されているわけではない．こうした種類の差異は，表5.2には掲載していない．

　ISO 9001:2015の6.1と，ISO 14001:2015の6.1.1及び6.1.4のベースは附属書SLに準拠しており，環境や品質固有の内容が追加されているが，リスク及び機会の決定プロセスとして本質的な差異はなく，コーヒーブレイク10で示した経営管理プロセスのサブシステムとして位置付けられる"計画策定プロセス"（後出の図5.4）として，包括的にとらえることができる．

リスク及び機会については，環境や品質などの分野ごとに個別に考えるより，組織として包括的に検討し，統一した考え方で決定したほうがよい．特に統制リスクについては，組織の全てのプロセスで管理し対処されるべきものである．

表 5.2　ISO 14001:2015 と ISO 9001:2015 の主な差異

上位構造	ISO 14001:2015	ISO 9001:2015
4　組織の状況	―	―
5　リーダシップ	―	―
6　計　画	6.1.2　環境側面 6.1.3　順守義務	―
7　支　援	7.4.1　コミュニケーション 7.4.2　内部コミュニケーション 7.4.3　外部コミュニケーション	7.1.1　一　般 7.1.2　人　々 7.1.3　インフラストラクチャ 7.1.4　プロセスの運用に関する環境 7.1.5　監視及び測定のための資源 7.1.6　組織の知識
8　運　用	8.1　運用の計画及び管理 a)～d)（ライフサイクルの視点） 8.2　緊急事態への準備及び対応	8.2　製品及びサービスの要求事項 8.3　製品及びサービスの設計・開発 8.4　外部から提供されるプロセス，製品及びサービスの管理 8.5　製造及びサービスの提供 8.6　製品及びサービスのリリース 8.7　不適合なアウトプットの管理
9　パフォーマンス評価	―	―
10　改　善	―	―

（注）―は，両規格の要求事項の統合的利用にあたって，大きな差異がないことを示す．

固有リスクについても，環境や品質という狭い領域で考えるより，できるだけ広い視野で認識するほうが，組織にとっての有効性が向上する．

　ISO 14001:2015 の 6.1.2（環境側面）と 6.1.3（順守義務）は環境固有であり，ISO 9001:2015 には対応する要求事項がないように見えるが，QMS で対応すべき課題である"顧客要求事項"と"製品及びサービスに適用される法令・規制要求事項"の明確化とレビューを求める，次の要求事項との類似性が高い．

ISO 9001：2015

8.2.2 製品及びサービスに関する要求事項の明確化

顧客に提供する製品及びサービスに関する要求事項を明確にするとき，組織は，次の事項を確実にしなければならない．

a) 次の事項を含む，製品及びサービスの要求事項が定められている．

　1) 適用される法令・規制要求事項

　2) 組織が必要とみなすもの

b)（省　略）

8.2.3 製品及びサービスに関する要求事項のレビュー

8.2.3.1 組織は，顧客に提供する製品及びサービスに関する要求事項を満たす能力をもつことを確実にしなければならない．組織は，製品及びサービスを顧客に提供することをコミットメントする前に，次の事項を含め，レビューを行わなければならない．

a) 顧客が規定した要求事項．これには引渡し及び引渡し後の活動に関する要求事項を含む．

b) 顧客が明示してはいないが，指定された用途又は意図された用途が既知である場合，それらの用途に応じた要求事項

c) 組織が規定した要求事項

d) 製品及びサービスに適用される法令・規制要求事項

（以下略）

ISO 14001：2015 の 6.1.2 と 6.1.3，ISO 9001：2015 の 8.2 も，取り組む必要があるリスク及び機会の決定と同様に，組織の計画策定プロセスに包含することができる．

図 **5.4** に，組織の一般的な計画策定プロセスのタートル図を示す．経営企画部門が事務局となり，役員会の審議を経て決定される経営（事業）計画は，どこの組織でもこの図と大差ないプロセスで策定されているはずである．次節で述べるが，上場企業であれば有価証券報告書の中で，"対処すべき課題" や "リ

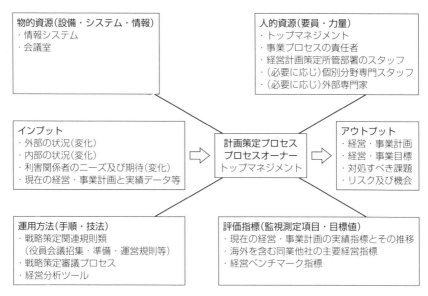

図 5.4 経営管理プロセス—計画策定プロセス

スク"についての記載が義務付けられているため,図5.4のようなプロセスは必ず存在する.

　プロセスとして見るとほぼ同一であっても,環境や品質など分野別の対処すべき課題やリスク及び機会を,組織全般の計画策定プロセスの中に全て一本化する必要はない.組織規模が大きくなると,あらゆる課題やリスクを単一の計画策定プロセスでカバーするのは難しくなる.そのような場合には,ISO 14001:2015が要求する4.1,4.2,6.1を含めた環境に関する計画策定プロセスは,環境担当役員をトップとして,各事業プロセスの環境責任者を集めた環境経営会議のような場を中心に,環境固有の戦略策定プロセスとして構成することも考えられる.

　そのような場合でも,環境の計画策定プロセスは,組織の全体的・包括的(財務を中心とした)な計画策定プロセスのサブプロセスとして位置付け,重要な事項は上位プロセスの承認を受けることをルール化するとよい.そうすれば組

織の包括的な経営（事業）計画と整合した環境計画や品質計画が策定され，全社レベルでの取組みが必要なリスク及び機会を含む，重要な課題が共有できる．品質や労働安全衛生など，他の分野においても同様である．

複数 MSS の個別要求事項について，共通点又は関連性を見いだすためには，**それぞれの要求事項を少し拡大解釈してみると，ラップする部分が見えるよう**になる．このことを ISO 9001:2008 と **ISO 9004**:2009（組織の持続的成功のための運営管理―品質マネジメントアプローチ）の関係を例に説明しよう．

図 **5.5** は，ISO 9004（JIS Q 9004）で示された，ISO 9001（JIS Q 9001）との関係を示す図である．

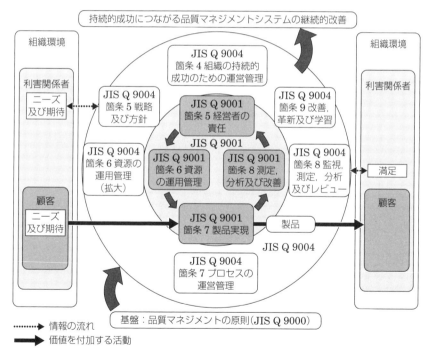

図 5.5 JIS Q 9004:2010　図 1
プロセスを基礎とした品質マネジメントシステムの拡大モデル

ISO 9004:2009 は，"顧客のニーズ及び期待"をインプットとして，"顧客満足"をアウトプットとする ISO 9001:2008 を，"利害関係者のニーズ及び期待"をインプットとし，"利害関係者の満足"をアウトプットとするシステムに拡大した構成になっている．

ISO 9001:2008 は，ISO 9004:2009 に包含される部分システムになる．顧客を利害関係者に拡大することで，環境課題への対応も自ずから ISO 9004:2009 には組み込まれている．例えば，ISO 9001:2008 の箇条 6（資源の運用管理）では環境課題に言及した要求事項はないが，ISO 9004:2009 では，箇条 6（資源の運用管理）の下に 6.8（天然資源）が置かれ，ここで次のような指針が提示されている．

6.8 天然資源

天然資源の入手可能性は，組織の持続的成功並びに組織の顧客及びその他の利害関係者の要求事項を満たす能力に影響を及ぼし得る要因の一つである．組織は，エネルギー及び天然資源の短期的及び長期的な入手可能性及び利用に関連するリスク並びにこれらの機会を考慮することが望ましい．

組織は，環境保護の側面を製品の設計・開発に組み込むこと，及び特定されたリスクを軽減するプロセスの構築を適切に考慮することが望ましい．

組織は，製品の設計，製造又はサービスの提供，流通，使用及び廃棄に及ぶ製品及びインフラストラクチャーのライフサイクル全体にわたり，環境影響を最小限にすることを目指すことが望ましい．

これを読むと，"リスク及び機会への対応"や"ライフサイクルの視点"といった ISO 14001:2015 の要求事項を先取りしており，当時の ISO 14001:2004 よりも先進的な環境マネジメントの指針となっている．

ISO 9001:2008 には，"緊急事態への準備及び対応"に関する要求事項はないが，ISO 9004:2009 では，6.5（インフラストラクチャー）の中で次のような指針が示されている．

組織は，インフラストラクチャーに関連するリスクの特定及びアセスメントを行い，適切な緊急時対応計画の策定を含む，リスクを軽減するための処置をとることが望ましい．

ISO 9001：2015 でも"緊急事態への準備及び対応"に関する明示的な要求事項はないが，6.1 で要求されるリスクの一つとして，少なくとも組織のインフラストラクチャが機能しなくなるような"望ましくない影響を防止又は低減する"という観点から対処すべき事項であろう．

ISO 9004：2009 ほどスコープを拡大しなくても，例えば自動車生産のサプライチェーンを構成する組織に対する品質マネジメントシステム規格である ISO/TS 16949：2009（品質マネジメントシステム―自動車生産及び関連サービス部品組織の ISO 9001：2008 適用に関する固有要求事項）も参考になる[*8]．

ISO/TS 16949 は，ISO 9001 を全て採用したうえで，自動車部品セクター固有の追加要求事項を規定した認証用規格である．ISO/TS 16949：2009 には，"緊急事態対応計画"と題した細分箇条（6.3.2）が，インフラストラクチャ（6.3）の部分に追加されている．

ISO/TS 16949：2009 の 7.2.1（製品に関連する要求事項の明確化）では，次のような注記が追加されている．

    注記2　この要求事項には，製品及び製造工程を通じて組織が知識として得た，リサイクル，環境影響，及び特性を含む．
    注記3　c)項への適合は，材料の入手，保管，取扱い，リサイクル，除去又は廃棄に適用される，すべての政府規制，安全規制及び環境規制を含む．

上記の c) 項とは，"製品に適用される法令・規制要求事項"である．ISO/TS 16949：2009 の要求事項は，製品だけでなく，製造工程にまで拡大され，

[*8] ISO/TS 16949：2009 は，IATF 16949：2016 として，2016 年 10 月に改訂された．

更に環境規制に言及することで，実質的には ISO 14001:2004 による法的要求事項の順守の要求事項とほぼ同等のところまで踏み込んでいる．

改めて表 5.2 で示した ISO 14001:2015 と ISO 9001:2015 の分野固有の要求事項に戻ってみると，既述のように ISO 14001:2015 の 6.1.2（環境側面）や 6.1.3（順守義務）は ISO 9001 の 8.2（製品及びサービスの要求事項）と統合して検討することができる．

ISO 14001:2015 では，緊急事態の決定は 6.1.1（リスク及び機会への取組み——一般）で要求されているので，ISO 9001:2015 の 6.1 と統合可能なことはいうまでもなく，この部分は先に述べた計画策定プロセスに包含される．影響が限定的な緊急事態は，基幹業務プロセスの統制リスクの一つとして，各プロセスの中に統合すればよい．決定した緊急事態への準備と対応を運用レベルで要求する ISO 14001:2015 の 8.2（緊急事態への準備及び対応）は，ISO 9001:2015 の 7.1.3（インフラストラクチャ）と統合が可能な部分が多いと考えられるが，組織全体で対応が必要となるような重大な緊急事態については，経営管理プロセスの中で構築すべき"危機管理プロセス"への統合を基本に考える必要がある（本書 7.4 参照）．

ISO 9001:2015 の 7.1（資源）で，7.1.1～7.1.6 まで細分化して規定される要求事項の中で，7.1.3（インフラストラクチャ）についてはすでに述べたとおりであるが，その他の部分に対応する要求事項は ISO 14001:2015 の中には見当たらない．このような部分は，ISO 14001:2015 との統合ではなく，組織の事業プロセスへの統合を検討すればよい．例えば，7.1.6（組織の知識）などは，組織にナレッジマネジメントの仕組みがあれば統合できるし，なければ品質固有にプロセスを追加すればよい．

ISO 14001:2015 のコミュニケーションに関する環境固有の要求事項は，ISO 9001:2015 でも附属書 SL による包括的なコミュニケーションの要求事項を共有しており，かつ組織には ISO 規格の採否にかかわらず必要なコミュニケーションプロセスは存在するはずであるから，既存のコミュニケーションプロセスに統合すればよい．

表 5.2 で，ISO 9001:2015 の 8.2〜8.7 は，2008 年版では"製品実現プロセス"と称され，製品（サービスを含む）を顧客に提供するための，基幹業務プロセスに対する要求事項を規定している．

基幹業務プロセスは，ISO 9001 の適用の有無にかかわらず，全ての組織に存在するので，基幹業務プロセスの中で展開する必要がある活動は，該当するプロセスにマッピングされなければならない．

ISO 9001 のこれまでの適用において，ISO 14001 のように"紙・ゴミ・電気"といわれることがないのは，ISO 9001 は要求事項の中に基幹業務プロセスに対する要求事項を包含しているからであろう．"製品及びサービスの設計・開発（2008 年版では，設計・開発）"，"外部から提供されるプロセス，製品及びサービス（2008 年版では，購買）"，"製造及びサービスの提供（2008 年版では，製造及びサービス提供）"などで規定される要求事項は，設計・開発プロセス，資材・調達プロセス，製造又はサービス提供プロセスといった，組織の基幹業務プロセスの中にそれぞれ組み込まれて実施されるので，"紙・ゴミ・電気"でお茶をにごす余地がない．

このため，**ISO 14001:2015 と ISO 9001:2015 の統合を検討する場合，組織は ISO 9001:2015 を基礎として検討するほうがよい．**

最後に，表 5.2 に示した ISO 14001:2015 の 8.1（運用の計画及び管理）で要求されている，ライフサイクルの視点に従って実施しなければならない要求事項への対応について，ISO 9001 との統合の観点から考えてみよう．

ISO 14001:2015 の 8.1 で要求される取組み（活動）は次の四つである．

> ライフサイクルの視点に従って，組織は，次の事項を行わなければならない．
> a) 必要に応じて，ライフサイクルの各段階を考慮して，製品又はサービスの設計及び開発プロセスにおいて，環境上の要求事項が取り組まれていることを確実にするために，管理を確立する．

5.3 ISO 9001：2015 との統合

b) 必要に応じて，製品及びサービスの調達に関する環境上の要求事項を決定する．
   c) 請負者を含む外部提供者に対して，関連する環境上の要求事項を伝達する．
   d) 製品及びサービスの輸送又は配送（提供），使用，使用後の処理及び最終処分に伴う潜在的な著しい環境影響に関する情報を提供する必要性について考慮する．

　a)は，設計・開発プロセス（9001の8.3に対応），b)及びc)は資材・購買プロセス（9001の8.4に対応），d)は設計・開発プロセス（9001の8.3に対応）及びコミュニケーションプロセス（9001及び14001の7.4に対応）に，それぞれ統合可能である．

　外部委託先の管理又は影響も含めて，ライフサイクルの視点の中でも組織の上流側にあたるサプライチェーンの管理や働きかけ（影響）は，環境・CSR部門で実施することは不可能であり，組織の資材・購買プロセスを通じて実施しなければならない．どのような組織にも，外部からの物品・サービス・人の調達のためのプロセスは存在する．

　基幹業務プロセスを代表するサブプロセスの例として，**図5.6**に資材・調達プロセスの一般的なタートル図を示しておくので参考にしていただきたい．

　ここまで述べてきたように，**複数MSSを統合して適用する場合，"リスクに基づく考え方"と"プロセスアプローチ"を基本に検討することが有効**である．複数MSSの要求事項を組織の事業プロセスに統合する検討を通じて，既存の事業プロセスの中での業務の重複や欠落が明らかになり，組織のマネジメントシステム全体の効率化や有効性の向上が進むことが期待できる．

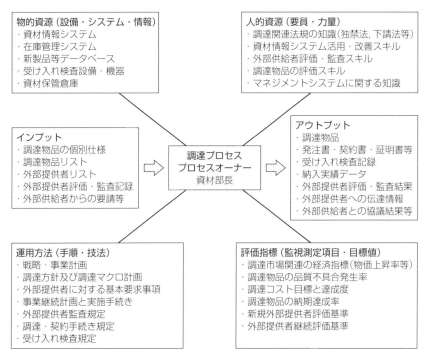

図 5.6　基幹業務プロセス―調達プロセス

5.4　"利害関係者のニーズ及び期待"としての統合

組織は，複数 MSS の統合を検討する場合，何を目的に統合するのか，その意図を明確にすべきである．

もし，認証審査費用や組織内の事務局の人員の削減など，MSS の維持に関するコスト削減を主たる目的とするのなら，本末転倒である．組織は，導入したマネジメントシステムの本来の成果を最大化することをまず目指すべきであり，成果が大きければ，そのために投入するコストを正当化できる．成果がゼロの形骸化した仕組み，取引や入札条件を外形的に満たすためだけのものなら，そのためのコストは当然ながら最小に抑えられるが，それでますます形骸化が進むという悪循環に陥ることは必至である．

ISO 9001 も ISO 14001 も，2015年改訂によりリスク及び機会への取組みが求められるようになり，経営戦略レベルでの適用にアップグレードすることになる．2015年改訂を絶好の機会ととらえ，組織にとってのリスク（脅威）を適切に管理し，機会の活用を戦略的，計画的に進めることができるようになれば，認証コストや組織内人件費などを大幅に上回るリターンが得られるはずである．
　"統合"を検討するならば，リスク及び機会への取組みを中心に，複数のマネジメントシステムをより効率的，効果的に運用することで成果を最大化することを目指すべきである．それによって，投入するコストを上回るリターンが得られるはずである．
　組織がそのリスク及び機会に適切かつ効果的，効率的に取り組むことは，組織の多様な利害関係者に共通するニーズ及び期待である．なぜなら，組織のリスク（機会）は，利害関係者のリスク（機会）でもあるからである．特に企業の場合，重要なリスク管理に失敗して大きな損失を出せば，株主などの投資家も損をするし，顧客を含む取引先に被害が及ぶこともある．従業員など組織内の利害関係者もリストラや給与削減などの脅威に晒され，ひいては組織の地元の商店街やコミュニティにまで被害が波及する．
　表5.3に，主な企業情報開示基準等による，リスク及び機会に関する規定の概要を示す．個々の規則・基準類に関する解説は本書では省略するが，様々な組織情報の開示基準において，リスク及び機会の情報開示に関する共通の要件としては次の事項がある．
　　① 情報開示の範囲は，財務報告と同一（公開会社の場合，連結が基本）
　　② 経営戦略の実施に伴う重要なリスク及び機会
　　③ 認識した重要なリスク及び機会に対する対応方針・管理体制
　①は，利害関係者，特に株主など投資家の立場からすれば当然であろう．グローバル化の進展や技術の進歩が加速する状況の中で，企業の将来性は過去の財務諸表の情報をいかに分析しても評価できない．昨年度は過去最大の利益を出したとしても，今年度も増益基調が継続する保証は何もない．それどころか，

表 5.3　主な企業情報開示基準によるリスク及び機会関連の規定

基準（根拠法令）	リスク及び機会関連の開示規定内容（概要）
事業報告書 　— 会社法 　— 会社法施行規則	・"業務の適正を確保するための体制"の内容 　— 損失の危険の管理に関する規定その他の体制（リスク管理体制） ・対処すべき課題
有価証券報告書 　— 金融商品取引法 　— 内閣府令	第一部　企業情報　第2　事業の状況 　3.　対処すべき課題 　4.　事業などのリスク
内部統制報告書 　— 金融商品取引法 　— 財務報告に係る内部統制の評価及び監査の実施基準	財務報告にかかわる内部統制の評価及び監査の基準、及び同実施基準に基づく評価手続き及び評価結果 注：実施基準の"業務プロセスに係る内部統制の評価"において、虚偽記載の発生するリスクとこれを低減する統制の識別が要求され、このために"リスクと統制の対応"を示す図が参考3として提示されている。（必ずしもこの様式による必要はない）
コーポレートガバナンス報告書 　— 証券上場規定	・有価証券上場規定の別添として定められた"コーポレートガバナンスコード"の基本原則3に、"適切な情報開示と透明性の確保"がうたわれており、経営戦略・経営課題、リスクやガバナンスにかかわる情報等の非財務情報についての開示を主体的に行うことが要求されている。 ・コーポレートガバナンス報告書記載要領のⅣ章（内部統制システム等に関する事項）において、リスク管理体制の整備状況に関する記載が推奨されている。
EU非財務情報開示指令 　— EU指令 　　2014/95/EU	・大企業（従業員500人以上）にアニュアルレポートで以下の非財務情報開示を義務化. 　— 環境、社会、従業員関連事項、人権の尊重、腐敗防止、贈収賄防止 　— 上記事項に関する主なリスクと、それをマネージする方法
環境報告ガイドライン2012	環境報告の重要な視点の第2項として、戦略的対応（重要課題とリスク・機会）の報告を推奨
GRI 持続可能報告ガイドライン	・戦略、リスクと機会に関する標準開示項目を規定 ・経済及び社会分野では、戦略、リスクと機会に関する特定開示項目を規定

最近多く目にするのは，優良企業が瞬く間に存続が危ぶまれる状況に転落していく姿である．

　投資家が投資先を決定するうえで，非財務情報，すなわち企業が環境や社会的課題についてどう認識し，どのような重要なリスクや機会があるか，そして経営者がそれらの課題にどう対応しようとしているのか，といった定性的な非財務情報がいっそう不可欠になってきている．

　企業情報開示の観点から見れば，EMSで環境に関するリスクと機会だけに精緻に対応しても，労働安全や人権などの社会的課題への対応ができていなければ，投資家は安心して投資の決定ができない．取引先も，取引開始に先立って実施する経営状況の審査の中で，法令順守全般，環境や社会的責任に対する認識や管理能力も審査するようになっている．

　企業は，財務，社会，環境の全ての側面に対して目配りし，企業経営の持続的な成功を阻害するような重要なリスクを認識し，それらに対してバランスのとれた取組みを実施しなければならない．**リスク及び機会への取組みは，その実施範囲（適用範囲）と対象とする領域（財務，環境，社会課題など）の両面においていずれは統合する必要があり，ISO MSSの実施は，遠からずそのような方向に向かっていくだろう．**

5.5　"リスク及び機会への取組み"の統合

　リスクマネジメントは内部統制と不可分の関係にある．会社法によって求められる"業務の適正を確保するための体制"とは内部統制のことで，その中の"損失の危険の管理に関する規程その他の体制"こそがリスクマネジメントにほかならない．

　したがって，全ての企業では，ISO規格の実施の有無にかかわりなく，何らかのリスクマネジメントが実施されているはずである．内部統制を，企業の一事業所だけに限定したり，環境課題だけをリスクマネジメントの対象とする企業はない．さらに，現代の企業では，"損失の回避"という守りのリスクマ

ネジメントから適切な範囲でリスクを取って収益の増大を目指す，"投機的リスク"に対応する**全社的リスクマネジメント（ERM）**への移行が進んでいる．

ERMに関しては詳細に立ち入らないが，コーヒーブレイク1で述べた経済産業省が開発した『事業リスク評価・管理人材育成プログラムテキスト』の第6章3節（統合リスクマネジメントの考え方）による解説の要旨を，以下にまとめておく[*9]．

(1) 統合リスクマネジメントの考え方

- 統合リスクマネジメントは，様々な種類のリスクを統合的に管理することで，事業全体のリスク管理を効率的かつ包括的に行う．
- 統合リスクマネジメントは，企業全体の視点からリスクを多面的に捉えることから始まる．事業セグメント，部門別に分散しているリスクを組織横断的に集約し，領域の異なるリスクを共通の物差しで評価する．
- 経営者は，これらのリスクを適切にコントロールしながら，収益機会が最大化されるように，経営資源を配分する．

(2) 統合リスクマネジメントの効果

a. リスク対策コストの低減

①リスクの保有に係る費用（自家保険，自己負担コストなど）
②リスクのコントロールに係る費用（安全設備などの投資費用など）
③リスクの移転に係る費用（保険料，リスクヘッジのコストなど）
④リスクの管理に係る費用（一般管理費，ブローカー費用など）

多様なリスクを統合して管理することで，ポートフォリオ効果によるリスクの削減が期待できる．

[*9] 筆者作成の抄録なので，詳細は原本を参照いただきたい．

b. 見逃しがちなリスクの発見

- 全社的にリスクを洗い出すと，当該リスクを管理する部門がどこにもなかった，という場合がある．
- 個別の部署ごとの視点で見ると重要でないように思えるリスクも，全社レベルで見ると，経営に大きな影響を与えるリスクが顕在化する場合がある．
- あるリスク対策の実施が結果的に他のリスクを発生，増加させる場合がある．したがって，リスク対策に伴う効果と影響をトータルに把握したうえで，経営判断を行う必要がある．

上記の (2) a. で列挙されている様々なリスク対応策は，ISO 31000 が示す対応の選択肢にほぼ対応している．また，a. の最後で述べられている"ポートフォリオ効果"とは，投資家がリスク管理のために自らの資産を複数の金融商品に分散させて投資する，その金融商品の組合せのことを"ポートフォリオ"と呼ぶことから来ている表現である．

年金基金のように，失敗（多大な損失をこうむる）が許されない資金運用では，ハイリスク・ハイリターンな株式投資は許容できる限度内にとどめ，大半はより安全な国債で運用するというようなバランスを考えることが必要である．

企業も，持続的に成長していくためには，新製品開発や設備投資などに伴うリスクは，それが失敗したときの財務への影響を考慮しつつ，許容可能な範囲でリスクを取って前進しなければならない．

多様なリスクの中には，影響（企業に与える財務的損失）の大小，それが起こる時期の違いなど，それぞれの特性が違うことから，リスクのポートフォリオを明らかにすることで，組織が許容できる範囲内で効果的にリスクを取るという選択が最適化できる．

図 **5.7** に，リスク対応の選択肢の全体像を示す．ここで示されている"リスクファイナンス"については，**コーヒーブレイク 11** で概要を紹介する．

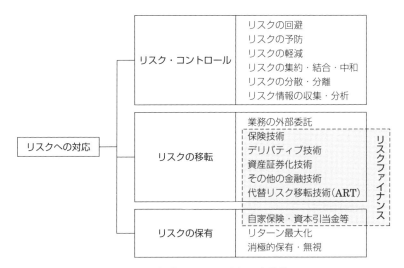

図 5.7　組織のリスク対応の全体像

図 5.7 の"リスクの移転"と題した枠の中に"業務の外部委託"がある．附属書 SL で"外部委託したプロセス"の管理が共通の要求事項となったが，外部委託は，内部でその業務を実施するよりも安いからとか，内部ではできないからといった理由でのみ決定されるものではない．

　製造業の例でいえば，ある製品を自社工場の 1 か所で全て製造していたら，その工場が操業不能に陥ると，在庫も尽きて当該製品の提供が完全にストップする可能性がある．操業停止が長引けば，取引先が競合他社へ移ってしまうかもしれない．もしその製品の何割かの生産をあらかじめ外部委託しておけば，製品出荷の完全停止という事態は避けられる．このように，外部委託には，リスクの移転（分散）という側面がある場合もあることを認識しておくとよい．

コーヒーブレイク 11

リスクファイナンス

　読者の方々も，自動車損害賠償責任保険や火災保険に加入しておられるだろう．リスクが顕在化すると，組織の財務に悪影響を与える．このため，企業を中心とした法人向けにも様々な保険商品が提供されている．

　リスクファイナンスとは，リスクの発生に備えて，損失の補填(ほてん)や事故復旧に必要な資金の準備を行ったり，リスクの変動要因を打ち消すための財務的手法である．保険はリスクファイナンスの伝統的かつ代表的手法である．

　最近では，金融工学などを応用した多様な手法が開発され，実用化されている．本書の図5.7に示した，主な手法の簡単な説明を以下に記載する．リスクファイナンス手法の分類に決まったものはなく，以下の分類は，参考文献に基づく一例であることをお断りしておく．このコーヒーブレイクで，各手法について詳しく説明するのは不可能なので，更に知りたい読者のために，本コーヒーブレイク末尾に，無料で入手可能な参考文献を掲載しておく．

〈保険技術〉

　保険の対象となるリスクは，基本的に純粋リスクの中でその発生が大数の法則に従うような事象である．保険会社は，大数の法則，給付反対納付の法則，収支均等等の原則に基づいて，多くの被保険者を集め，保険料受取額と保険金支払額のバランスを維持することで，リスクを引き受ける．

〈デリバティブ技術〉

　数理モデルを駆使(くし)し，現在価値が等しい二つのキャッシュフローの交換を行うことで，当事者双方が自己のリスクを調節することを可能とする取引．

　先物，スワップ，オプション取引などがあり，リスクを金融・保険市場に移転するもの．

〈資産証券化技術〉

　自己の保有する資産が生み出すキャッシュフローを裏付けとして証券を発行し，資金調達を行う手法．

〈その他の金融技術〉

　巨額損失等で資金不足に陥った際にも，あらかじめ決めた条件で資金調達が

可能となる融資枠予約契約(コミットメントラインという)など,リスク処理手段の一つとなる金融取引などがある.

〈**代替リスク移転技術(ART)**〉

保険技術と金融技術が融合した,新しいタイプの移転技術.実損害額ではなく,インデックス等に基づく損失補てんの仕組みである."気温"を指標とした天候デリバティブや,地震の"マグニチュード"を指標とした大災害債(カタストロフィ・ボンド)などがある.

〈**自家保険・資本引当金等**〉

キャプティブ(保険子会社),ファイナイト保険(発生する損害を契約者が自己負担する.大数の法則が効かないリスクも,時間軸上にリスクを分散することで保険化可能とするもの)などがある.

【リスクファイナンスに関する参考文献】
① 事業リスク評価・管理人材育成プログラムテキスト,経済産業省,2004年
② リスクファイナンス研究会報告書,経済産業省,2006年

いずれも古い文献のため,経済産業省のホームページからはすでに削除されているが,国立国会図書館インターネット資料収集保存事業(WARP)のホームページから入手可能である.

第6章

監査・審査における"リスク"の考え方

6.1 リスクベース監査の考え方とその実践方法

　全てのマネジメントシステムに共通して適用できる監査に関する指針，**ISO 19011：2011**（マネジメントシステム監査のための指針）も，附属書SLを開発した合同技術調整グループ（JTCG）によって策定されたものである．したがって，附属書SLとISO 19011：2011は兄弟のような関係にある．

　1990年代には，QMSに対する監査の規格とEMSに対する監査の規格は別々に定められていたが，2002年にISO 19011（品質又は環境マネジメントシステム監査のための指針）として統合され，その後，情報セキュリティマネジメントシステムや食品安全マネジメントシステムなど，MSSが多様な分野に拡大したことから，全てのマネジメントシステムに対する共通の指針として改訂された．

　ISO 19011の2011年改訂では，監査の方法論としても進化があった．それが，"リスクベース監査"の考え方の導入である．ISO 19011：2011（JIS Q 19011：2012）の箇条5（監査プログラムの管理）5.1（一般）には，次のような記述がある．

> 　マネジメントシステムにおける重要事項の監査に，監査プログラムの資源を割り当てることを優先することが望ましい．これには，製品品質に関わる重要な要素，安全衛生に関わるハザード又は著しい環境側面及びその管理を含んでもよい．
> 　注記　この概念は，一般にリスクを考慮した監査として知られている．

　　　　　この規格は，リスクを考慮した監査について更なる手引を与えるも
　　　　　のではない．

　上記の中で，"リスクを考慮した監査"の原文は，"risk-based auditing"である．この概念について触れられたことは一定の進歩ともいえるが，指針の中での取扱いは不明瞭で，十分とはいえない．

　監査におけるリスクとは，監査対象に対する監査所見や監査結論に誤りが生じる可能性である．マネジメントシステム監査はもとより，公認会計士による法定の会計監査でも，監査に投入できる人や時間といったリソースには限りがあり，監査対象の全ての事象や情報を網羅的にチェックすることは不可能である．

　このため，あらかじめ監査プログラムや個々の監査計画を策定するときに，監査対象のどのような部分でどのような誤りが生じやすいか，**リスクを評価し，リスクの高いところに監査のリソースを重点的に投入するように計画する手法が，リスクベース監査**である．

　ISO 19011:2011 が規定する監査の原則や方法論は，全て長い歴史を持つ会計監査の世界で確立し発展してきた概念に基づいている．会計監査の方法論の進化を知ることで，ISO マネジメントシステムの監査（審査）の概念を正しく，より深く理解することができる．**表 6.1** に，わが国における会計監査と監査におけるリスクアプローチの歴史を示す．

　現在わが国では，大企業，特に株式の公開企業に対しては，会社法及び金融証券取引法による法定監査が義務付けられている．そのための"監査基準"は，1950年の制定以降投資家や企業のニーズの変化に対応して何度か改訂されてきており，1991年の改訂で"リスク"の概念が初めて導入された．ISO 19011:2011 によるリスク概念の導入から，遡ること 20 年前である．

　その後，2002年，2005年の改訂を経て，リスクアプローチがますます重要視されるようになっている．**図 6.1** に，監査のリスクアプローチによる"監査リスク"の構成要素の基本的な考え方を示す．

表 6.1 監査におけるリスクアプローチの歴史

1948（昭和 23）年	証券取引法制定
	公認会計士法制定
1950（昭和 25）年	公認会計士による法定監査の義務づけ（本格実施は 1957 年）
	監査基準　制定
1956（昭和 31）年	監査基準改訂
1966（昭和 41）年	監査基準改訂（粉飾決算対策として監査手続きを強化）
1991（平成 3）年	監査基準改訂（監査リスクの概念の導入）
	・公認会計士協会　監査基準委員会報告書を実施指針化
2002（平成 14）年	監査基準改訂（国際会計士連盟　国際監査基準準拠）
	・監査実施準則，監査報告準則の廃止
	・リスクアプローチの明確化
2005（平成 17）年	監査基準改訂
	・事業上のリスク等を重視したリスクアプローチの導入

重要な虚偽表示リスク（平成 17 年監査基準）

固有リスク（IR：Inherent Risk）
関連する内部統制が存在していないとの仮定のうえで，財務諸表に重要な虚偽の表示がなされる可能性をいい，企業内外の経営環境により影響を受けるリスク及び特定の勘定や取引が本来有する特性から生じるリスクからなる．

統制リスク（CR：Control Risk）
財務諸表の重要な虚偽の表示が，企業の内部統制によって防止又は適時に発見されない可能性

発見リスク（DR：Detection Risk）
企業の内部統制によって防止又は発見されなかった財務諸表の重要な虚偽の表示が，実証手続きを実施してもなお発見されない可能性

図 6.1　監査リスクの構成要素

このうち，"固有リスク"，"統制リスク"については，附属書SLが対象とするリスクについても適用可能であることを本書2.3で述べた．監査の場合は，監査で問題が発見できない"発見リスク"を加えて三つのリスクがあり，それらを総合した"監査リスク"を目標レベル以下になるように監査計画を立案する．
　図6.1で，"固有リスク"と"統制リスク"を合わせて"重要な虚偽表示リスク"と記しているのは，2005（平成17）年の監査基準改訂において，固有リスクと統制リスクを明確に分離できない場合があることが認識され，これらを一体化して"重要な虚偽表示リスク"として取り扱うことができるようになったことを反映している．重要な虚偽表示リスクが高いものほど，発見リスクを小さくするように監査資源（人・時間）の投入量を増やす．
　逆にいえば，**固有リスクと統制リスクを合わせた"重要な虚偽表示リスク"がもともと小さいものに対しては，時間をかけない**ということである．
　"重要な虚偽表示リスク"は，本書3.3で述べた"現在リスク"に相当する．したがって，財務諸表監査以外の業務監査では，現在リスクの大きさに対して適切な監査資源を投入すればよい．
　企業会計審議会による監査基準では，監査の実施基準の基本原則の第1項で次のように規定している．

> 　監査人は，監査リスクを合理的に低い水準に抑えるために，財務諸表における重要な虚偽表示リスクを評価し，発見リスクの水準を決定するとともに，監査上の重要性を勘案して監査計画を策定し，これに基づき監査を実施しなければならない．

　表6.2に，会計監査における固有リスクの例を示す．
　最初の行を例にとると，【企業環境】（外部の状況）として"景気の後退期"にあり，販売や与信先の業績悪化が懸念される状況下では，物が売れないので在庫が溜まる，販売代金の回収が遅れて滞留債権が発生する可能性が【固有リスク要因】となる．それに伴う【固有リスク】として，財務諸表の勘定費目の中では，"棚卸資産の過大計上"や"貸倒引当金の過小計上"といった重要な

表 6.2 事業上のリスクと固有リスクの例

企業環境	事業上のリスク (固有リスク要因)	影響を受ける勘定等 (固有リスク)
景気の後退期 ・販売の低下 ・与信先の業績悪化	・棚卸資産の滞留 ・滞留債権の発生	・棚卸資産の過大計上 ・貸倒引当金の過小計上
急速な技術革新	・生産設備の陳腐化 ・遊休資産の発生 ・棚卸資産の陳腐化	・減価償却費の計上不足 ・表示の誤り ・棚卸資産の過大計上
商習慣の未確立業界 ・売上計上時点が不明確 ・代金回収の不規則性	・従業員による代金着服 ・滞留債権の発生	・売上の早期計上 ・売掛金の過大計上 ・貸倒引当金の過小計上
為替相場の急激な変動	・先物為替予約・通貨 ・オプション取引等の失敗	・損失計上の先送り
熾烈な受注競争	・裏リベート等の支出	・費用の未計上
客観性の低い取引価格 (宝飾品, 美術品など)	・不正取引 ・売上代金の着服	・架空売上 ・売上の過大計上
特定少数の顧客	・親密な関係による不正 発生の可能性	・全般的な対応が必要 となる可能性
厳しい販売目標	・押込み販売 ・滞留	・架空売上 ・売上の過大計上

出典：日本公認会計士協会"重要な虚偽表示リスクの評価方法"(2007年1月15日) を参考に筆者編集.

虚偽表示リスクが高くなる.

したがって会計監査では，これらの勘定費目に対する確認時間を増やすように監査計画を立案するのである．**表6.3** に，会計監査における統制リスクの例を示す.

業務プロセスごとに想定されるリスク内容と，それに対する統制（管理）をどのように実施しているかを明らかにしたうえで，確認すべき要件に対する評価を実施する．EMS における固有リスクと統制リスクの例を，本書3.3 の表3.3 で示したが，EMS の監査においても，固有リスクや統制リスクの大きさを踏まえた監査プログラムを計画する必要がある.

表 6.3 リスクと統制の対応例

業務	リスクの内容	統制の内容	要件					評価	評価内容
			実在性	網羅性	権利と義務の帰属	評価の妥当性	期間配分の適切性	表示の妥当性	
受注	受注入力の金額を誤る.	注文請書,出荷指図書は,販売部門の入力担当者により注文書と照合される.全ての注文書と出荷指図書は,販売責任者の承認を受けている.	○	○				○	
受注	与信限度額を超過した受注を受ける.	受注入力は,得意先マスタに登録されている得意先からの注文のみ入力できる.				○		○	
出荷	出荷依頼と異なる商品もしくは数量を発送する.	出荷部門の担当者により出荷指図書と商品が一致しているか確認される.	○		○			△	不規則的な出荷に担当者が対応できなかった.

(注) 実在性:資産及び負債が実際に存在し,取引や会計事象が実際に発生していること.
　　 網羅性:計上すべき資産,負債,取引や会計事象をすべて記録していること.
　　 権利と義務の帰属:計上されている資産に対する権利及び負債に対する義務が企業に属していること.
　　 評価の妥当性:資産及び負債を適切な価額で計上していること.
　　 期間配分の適切性:取引や会計事象を適切な金額で記録し,収益及び費用を適切な期間に配分していること.
　　 表示の適切性:取引や会計事象を適切に表示していること.

出典:金融庁・企業会計審議会
　　 "財務報告に係る内部統制の評価及び監査に関する実施基準"(平成 19 年 2 月 15 日) 参考 3.

6.2　リスク及び機会に関して内部監査の果たすべき役割

　一般社団法人日本内部監査協会は，わが国の企業や官公庁，公共事業体などの様々な組織で内部監査に従事する人々や学識経験者など約 6,000 名（2015年 2 月末現在）が所属する団体で，1957 年に"日本内部監査人協会"として設立された．そして，1960 年にわが国初となる"内部監査基準"を公表した．同協会は，内部監査人の国際的専門職業団体である IIA（Institute of Internal Auditors）の日本支部としても位置付けられている．

　内部監査基準は，その後数回にわたり改訂されており，2016 年 6 月時点での最新版は 2014（平成 26）年改訂版である．内部監査基準の第 1 章"内部監査の本質"では，内部監査について次のように述べられている．

　　内部監査とは，組織体の経営目標の効果的な達成に役立つことを目的として，合法性と合理性の観点から公正かつ独立の立場で，ガバナンス・プロセス，リスク・マネジメントおよびコントロールに関連する経営諸活動の遂行状況を，内部監査人としての規律遵守の態度をもって評価し，これに基づいて客観的意見を述べ，助言・勧告を行うアシュアランス業務，および特定の経営諸活動の支援を行うアドバイザリー業務である．

　ここで，**内部監査には二つの役割，すなわち"アシュアランス業務"と"アドバイザリー業務"がある**ということが，第三者監査と異なる点である．公認会計士による会計監査（財務諸表監査）やマネジメントシステム認証機関による第三者審査は，アシュアランス（保証）業務と呼ばれるもので，よく知られているように，第三者審査員がコンサルティングをすることは禁止されている．内部監査においても，経営からの独立性が求められるため，アドバイザリー業務（コンサルティング，カウンセリング，助言など）を実施するときは，対象業務に関する一切の責任を引き受けてはならないとされている．

　ISO 14001 や ISO 9001 の内部監査を実施するときも，内部監査人は被監査部門のリスクマネジメント能力を向上させるために，内部監査経験を通じて得

た専門知識に基づいて，被監査側に対して助言や支援を行うことが望ましい．

　もう一つ，内部監査で注力すべきは，"**不正**"の可能性を注意深く探り，も**し何らかの不正行為やその疑いを検出したら被監査部門長はもちろん経営層に報告し，是正を命じるとともに，不正行為の未然防止に努めることである．**

　近年，環境データ（排ガスや燃費測定値）の不正，会計における不正，耐震データの偽装（耐震ゴム，建物の基礎となるくい打ちなど）といった企業不祥事が次々と顕在化しており，内部監査基準にとどまらず，公認会計士監査などでも不正リスクへの対応が急速に強化されてきている．不正行為は，第三者監査で検出される前に内部監査で発見し，速やかに対処することが組織にとって望ましいことはいうまでもない．

　不正行為に対するマネジメント（内部統制・リスクマネジメント）のあり方に関する国内外での動向を，**コーヒーブレイク 12** で紹介しておく．

　本書 3.3 で，ISO 14001 や ISO 9001 における統制リスクについて解説したが，統制リスクの中で"不正リスク"を考慮する必要性がますます高まってきていることを認識する必要がある．不正リスクへの対応は，内部監査だけでなく，マネジメントシステムやそのプロセスにおいて組織構成員間の相互牽制（けんせい）機能を組み込んだり，内部通報制度を拡充するなどの仕組みの拡充とともに，"不正をしない，許さない"という組織風土を確固たるものにする努力が肝要である．

　ISO 19011:2011 の箇条 4（監査の原則）の c）に，"専門家としての正当な注意"ということが掲げられている．これに対して，財務諸表監査に対する監査基準の一般基準第 3 項では，"監査人は，職業的専門家としての正当な注意を払い，懐疑心を保持して監査を行わなければならない"と記されている．

　"懐疑心"とは，疑う心，"人は誤るし，不正もする"という心構えである．ISO 19011 の世界ではここまで踏み込まれていないが，今後 ISO MSS に対する認証を受けた組織で，不正の発覚が多発するような事態になると，ISO 19011 でも"職業的専門家としての懐疑心"が原則としてうたわれることになるかもしれない．第三者認証審査員は，組織の内部監査の有効性を評価したうえで，不正の可能性に対しても第三者の目で注意深く審査することが求められる．

コーヒーブレイク 12

不正リスクへの対処

　コーヒーブレイク1で紹介したCOSOの内部統制の統合的枠組は，2013年5月に20年ぶりに改訂された．内部統制のコアとなる定義や，三つの目的及び五つの構成要素は変わらないが，構成要素の一つである"リスク評価"において，不正リスクについて次のように追記された．

　　原則8：組織体は，内部統制の目的の達成に関連するリスクの評価において，不正の可能性について検討する．

　わが国においても，2013年3月に企業会計審議会より"監査における不正リスク対応基準の設定に関する意見書"が公表され，これとともに監査基準が改訂された．監査基準改定の趣旨について，意見書は次のように述べている．

　　近時相次いでいる不正による不適切な事例に対しては，現行の監査基準では，不正による重要な虚偽の表示を示唆する状況等があるような場合に，どのように対応すべきかが必ずしも明確でなく，実務にばらつきが生じているという指摘や，そうした状況等がある時に，上記のような不正の特徴から，監査手続をより慎重に行うべきであるとの指摘がある．
　　こうしたことから，監査をめぐる内外の動向を踏まえ，不正による重要な虚偽表示のリスクに対応した監査手続を明確化するとともに，一定の場合には監査手続をより慎重に実施することを求めるとの観点から，監査における不正リスク対応基準（以下"不正リスク対応基準"という．）を設けることとした．

　（一社）日本内部監査協会による"内部監査基準"も2014年6月に改訂され，不正リスクの識別と対応の評価を求めるものとなった．
　このように，国際的に不正対策が厳格化される中で，2015年から2016年にかけて発覚した数多の企業不祥事は，社会の企業に対する信頼を著しく毀損するものであり，案件ごとの徹底的な原因究明と再発防止策が求められる．
　司法取引制度導入，公益通報者保護法の見直しなどによる不正検出機能の向上や，関連諸法での罰則強化などを含め，企業統治，内部統制，監査基準，情報開示基準などの更なる厳格化が進むだろう．

第 7 章

これからの EMS と"リスク及び機会"

7.1　リスクと不確実性

全てのリスクは"不確かさ"から発生する．"不確かさ"の原文は，"uncertainty"である．この言葉は経済学では主に"不確実性"（コーヒーブレイク 7 参照）と，物理学では"不確定性"（量子力学の不確定性原理など）と訳されている．

"不確かさ"について，附属書 SL はリスクの定義の注記 2 で次のように規定している．

> 不確かさとは，事象，その結果又はその起こりやすさに関する，情報，理解又は知識に，たとえ部分的にでも不備がある状態をいう．

この規定は，多少なりとも"情報，理解又は知識"があることを前提としているように読めるが，いかに科学技術が進歩しても未来は不確実であり続けるであろうし，現在のことでも"情報，理解又は知識"が全くないという事象が無限にある．

経済学者フランク・ナイトによる"リスク"と"不確実性"の区分についてはコーヒーブレイク 7 で紹介したが，イギリスの公共政策学者であるブライアン・ウィンが 2001 年に"不確実性"について提示した，更に詳細な分類を表 7.1 に示す．これらは，相互に排他的な分類ではない．

"リスク"と"不確実性"は，定性的なリスク評価や，後述する"予防原則"の考え方を適用すれば対応できる可能性のある領域である．"無知"に対しては対処するすべはない．"非決定性"，"複雑性"，"不一致"，"曖昧性"は，ある事象の発生メカニズムや発生の可能性，事象が発生した場合の影響の推定や評価

表 7.1 ウィンによる不確実性の分類

リスク (risk)	危害とその発生確率が共に知られている.
不確実性 (uncertainty)	危害の可能性は知られているが,その発生確率は不明.
無知 (ignorance)	未知であるかどうかすらわからない.
非決定性 (indeterminancy)	課題と状態に関する知識の枠組が定まっていない.重要な振舞いのプロセスも不明.
複雑性 (complexity)	振舞いが定まらず,多重で,しばしば非線形なプロセスであるため,データからの推定がいつもむずかしい.
不一致 (disagreement)	問題の立て方・観測方法又は解釈が一致しない(発散する).
曖昧性 (ambiguity)	正確な意味,主要な要因に関する合意がなく,はっきりしない.

出典:"Managing and Communicating Scientific Uncertainty in Public Policy" Background paper, Harvard University Conference on Biotechnology and Global Governance, April 2001 から筆者訳出・編集.

が困難な"不確実性"である.

複雑系の世界では,"バタフライ効果"という表現で因果関係の予測の難しさがしばしば語られる."バタフライ効果"とは,気象学者のエドワード・ローレンツが 1972 年に行った講演で,"ブラジルの 1 匹の蝶の羽ばたきはテキサスで竜巻を引き起こす"という話をしたことに由来するそうである.

スーパーコンピュータによるシミュレーション技術や,ビッグデータと呼ばれる膨大なデータの中から一定のパターンを抽出する技術がますます進歩すれば,ある程度は予測可能な領域の拡大は期待できるが,大気中の二酸化炭素濃度の上昇とか,土地の隆起など,実測による科学的エビデンスが伴わなければ,シミュレーションとデータパターンだけで予防原則を適用することは難しいと思われる.

2008 年 9 月 15 日に,アメリカ合衆国の投資銀行であるリーマン・ブラザーズが破綻したことに端を発して,世界的金融危機が発生した(リーマン・ショック).この事件の前年,2007 年 4 月に,金融トレーダーであり学者でもあるナシーム・ニコラス・タレブが,『ブラック・スワン』という著書を発表

した.まずあり得ないこと,予測できないことで,いったん起こってしまうと非常に強い衝撃を与える事象を"ブラック・スワン"と名付けた.

"ブラック・スワン"は,黒い白鳥という意味だが,誰もそんな鳥はいないと思っていることを象徴しており,要は"想定外"のことである.タレブは,最新の金融工学で複雑な統計学を駆使してリスクを管理しようとしても,"黒い白鳥"が現れる.課題は,それにどう対処するかであると指摘した.この本の出版の翌年にリーマン・ショックが起こったことから,タレブはリーマン・ショックを予測したとして注目を集めた.

金融市場では,最近"黒い白鳥指数"と言われる指標が注目を集めている.シカゴ・オプション取引所が2011年から公表を始めた"Skew指数"で,オプション市場で将来の大きな価格変動に備える取引が増えると上昇する.不確実性の闇に少しでも光をあてる試みが,地震予知を含め,様々な分野で進められている."不確実性"ということを深く考察すると,自然とリスクマネジメントの限界が見えてくる.これについては本書7.3で述べる.

7.2 予防原則

1992年に,ブラジルのリオデジャネイロで開催された地球サミット(国連環境開発会議)において採択されたリオ宣言の第15原則は,以下のように述べている.

> 環境を保護するため,予防的取組方法は,各国より,その能力に応じて広く適用されなければならない.深刻な,あるいは不可逆的な被害の恐れのある場合は,完全な科学的確実性の欠如が,環境悪化を防止するための費用対効果の大きな対策を延期する理由として使われてはならない.

予防的取組方法の原文は,"precautionary approach"であり,ここでうたわれている予防原則(precautionary principle)は,"後悔しない戦略"ともいわれる.予防原則が最初に採用された国際協定は,"オゾン層保護のための

モントリオール議定書（1987 年）"で，その後，1992 年に採択された"気候変動に関する国際連合条約"，"生物多様性条約"にも反映されている．

　予防原則については，環境省において 2003 年から 2004 年にかけて"環境政策における予防的方策・予防原則のあり方に関する研究会"が設置され，2004（平成 16）年 10 月に報告書が取りまとめられている．同報告書は環境省のホームページで公開されているので，本書では詳細に立ち入らないが，一つだけ重要なことを指摘しておく．

　"**予防的方策**"は，"未然防止"（preventive action，あるいは prevention）とは別の概念である．"未然防止"は，因果関係が科学的に証明されている要件や物質に対して，それが起きないように事前に対策をとることであり，他方"予防的方策"は，科学的に因果関係が証明されていなくても対策に取り組むという点で大きな違いがある．

　わが国やアメリカ（連邦レベル）の法令では，予防的方策の概念は採用されていないが，EU やカナダ，そして WHO（世界保健機関）などの国際機関では，予防的方策の採用が増えている．参考までに，EU 環境庁による"不確実性と予防"に関する概念の整理を，**表 7.2** に示す．

　重大な危害や損害の可能性に対して，予防的方策も含めて未然防止を図るほうが，それが現実となってから後追いで対応するよりコストが大幅に少なくて済む場合も多い．組織のリスクマネジメントにおいても，**特に長期的な経営戦略を考えるうえでは予防的方策も考慮にいれるとよい**．

表 7.2 EU 環境庁による不確実性と予防原則の概念整理

状　況	知識の状態と時期	行動の例
リスク （risk）	影響と確率が知られている．例えば，呼吸器疾患や肺及び中皮腫癌を引き起こすアスベスト	未然防止（prevention）：既知のリスクを低減する行動をとる．例えば，アスベストへの暴露を除去する．
不確実性 （uncertainty）	影響は知られているが，確率は不明．例えば，動物の餌の中の抗生物質と，それに伴うそれらの抗生物質に対する人の耐性	予防的未然防止（precautionary prevention）：潜在的な危険源を削減する行動をとる．例えば，動物の餌に含まれる抗生物質の人への暴露を低減又は除去する．
無　視 （ignorance）	影響がわからないため，確率も不明．例えば，1974 年のサプライズ以前のフロンとオゾン層の破壊の関係	予防（precaution）：サプライズの影響を予測し，特定し，低減する．例えば，残留性，生体蓄積性などの化学物質の特性を，前兆や潜在的な危険源として使用する．長期間の監視を含む最大限広範な情報源の使用，アスベストやフロンのような少数者による技術の独占を抑制し，強健で，多様な適応ができる技術と社会制度を推奨する．

出典：Late lessons from early warnings: the precautionary principle 1896-2000; European Environmental Agency　の表 17.1 を筆者訳出．

7.3　リスクマネジメントの限界

リスクマネジメントの限界について，本書で取り上げた主要な二つの文献でどのように説明されているか，該当する部分を引用する．

まずは，金融庁・企業会計審議会による"財務報告に係る内部統制の評価及び監査の基準"（平成 19 年 2 月 15 日）のⅠ．内部統制の基本的枠組み―3．内部統制の限界では，次のように指摘している[*10]．

[*10] この内容については，"財務報告に係る内部統制の評価及び監査に関する実施基準"で詳細な説明があるので，詳細を知りたい読者は原文を参照されたい．

(1) 内部統制は，判断の誤り，不注意，複数の担当者による共謀によって有効に機能しなくなる場合がある．
(2) 内部統制は，当初想定していなかった組織内外の環境の変化や非定型的な取引等には，必ずしも対応しない場合がある．
(3) 内部統制の整備及び運用に際しては，費用と便益との比較衡量が求められる．
(4) 経営者が不当な目的の為に内部統制を無視ないし無効ならしめることがある．

次に，本書のコーヒーブレイク1で紹介したアメリカのCOSOの全社的リスクマネジメント（ERM）の枠組みでは，ERMの限界をもたらす三つの概念と，それによってERMの有効性が損なわれる可能性について，以下のように提示している．三つの概念とは，次の内容である（筆者まとめ）．

1. 誰も確実に未来を予測できない．
2. 経営者のコントロールの範囲外である事象がある．
3. プロセスは，それが意図されたように常に働くわけではない．

COSOは，"内部統制を埋め込んだERMは，事業体が失敗しないこと，すなわち，その事業体が常に目的達成できることを保証するものであるという見方は間違っている"と述べたうえで，ERMの有効性は次の事項から制約されるとしている．

判　断
　事業の意思決定は，必ずしも完全無欠でない人間に依存する．
機能停止
　しっかり設計されているERMでも，誤解，不注意，注意散漫，判断ミス，

疲労のための誤謬*11などで機能停止に至り得る．
共　謀
　二人以上の個人による共謀活動はERMの障害になり得る．
費用対効果
　資源の制約は常にあり，意思決定において関連する費用対効果を考慮しなければならない．
経営者による無視
　ERMの有効性は，ひとえにそれを機能させることに責任を負うものに依存する．

両文書とも"経営者による無視"をあげているが，これを防止し正す機能は組織のガバナンスであり，取締役会及び監査役（又は監査委員）が社長，会長を含む役員の職務執行に対してしっかりと監視し，取締役会及び監査役（監査委員）として与えられた権限を適正に行使することにかかっている．
　組織内で自浄作用が働かず，問題が世間一般に知られるまで放置されることになると，組織がこうむる被害は甚大で，最悪の場合は組織の存続が不可能になることを，トップマネジメントは肝に銘じておく必要がある．

　最後にISO 31000の箇条3で示されている，リスクマネジメントの11の原則の中から，以上で述べてきたようなリスクマネジメントの限界を認識したうえで，それでもなおリスクマネジメントには価値があることをうたっている二つの原則を示しておく．

箇条3　原則（抜粋）
　d）**リスクマネジメントは，不確かさに明確に対処する．**
　　　リスクマネジメントは，不確かさ及びその特質並びに不確かさへの対処について，明確に考慮する．

---

*11　（考え・知識などの）誤り．

f) リスクマネジメントは，最も利用可能な情報に基づくものである．
　　リスクの運用管理のプロセスへのインプットは，過去のデータ，経験，ステークホルダからのフィードバック，観察所見，予測，専門家の判断などの情報源に基づくものである．しかし，意思決定者は，利用するデータ又はモデルのあらゆる限界，及び専門家の間の見解の相違の可能性について自ら認識し，これらを考慮に入れることが望ましい．

"不確かさ"は，情報，理解又は知識の不足・欠落である．情報，理解又は知識が乏しければ，それだけ不確かさが増大し，結果として組織のリスクは大きくなる．情報収集と知識の獲得，それによる"学習"は現代の組織において死活的に重要で，**トップマネジメントから担当者に至るまで，学習を怠ることは最も危険なことである**．リスクマネジメントのレベルは，組織の構成員全体の知的レベルを反映し，その優劣で組織の持続的成功が左右される．

7.4　クライシスマネジメント

クライシスマネジメントについて，本書の様々な箇所で参照している経済産業省の"リスク新時代の内部統制 – リスクマネジメントと一体となって機能する内部統制の指針"（2004 年 6 月）では，次のように述べている．

2.　リスクマネジメントに当たっての留意点（2）クライシスマネジメント
　　対応すべきリスクのうち，企業価値を大幅に低下させる重大な事象が発生した場合の被害の限定や復旧に向けた活動及びこれらを想定した事前の取り決めをクライシスマネジメントという．クライシスマネジメントは，リスクマネジメントの一部を構成する．
　　経営者は，リスクの評価により明らかになった企業価値を大幅に低下させる重大な事象について，その際の対応方針をあらかじめ定めなければならない．

重大な事象が発生した場合には，その原因や影響を踏まえて対応を検討し，その後のクライシスマネジメントに反映させなければならない．

震災などの自然災害にさらされているわが国の企業では，リスクマネジメントの普及よりはるか以前から"危機管理"や"非常（緊急）事態対応"として組織内で体制を決め，規則やマニュアル類などの整備が進んでいた．

特に，1995年1月17日に発生した兵庫県南部地震（阪神・淡路大震災）を契機として危機管理システムへの関心が高まり，早くも翌年の1996年8月には標準情報 TR Z 0001（危機管理システム）が公表されている．

その後2001年に，**JIS Q 2001**（リスクマネジメントシステム構築のための指針）が策定された．"危機管理"という従来の用語では，危機が発生した後の事後対策と狭義に解釈されるおそれがあるとして，緊急事態発生の事前，事後のすべてを扱う"リスクマネジメント"という用語に変更して，適用範囲を拡大した指針である．ISOでは"リスクマネジメント"と"セキュリティマネジメント"の二つの系列の規格群が開発されており，前者には事後対策を含まず，後者はセキュリティの対象となる事象に関するリスク（脅威）の特定を含んだうえで，事後対策まで含めて規定する形になっている[*12]．

セキュリティマネジメント分野で，組織の関心が高い規格は，**ISO 22301:2012**（社会セキュリティ―事業継続マネジメントシステム―要求事項）であろう．**事業継続マネジメントシステム**（BCMS）については，ISO 14001:2015の附属書 A.6.1.4（取組みの計画策定）で，"リスク及び機会に対する取組みは，労働安全衛生，事業継続などの他のマネジメントシステムを通じて行ってもよい"として言及されている．

事業継続については，防災を中心に，テロ，新型インフルエンザ，大規模情報システム障害など，世界的に重大リスクが顕在化する中で，その必要性がま

[*12] ISOにおける"リスクマネジメント"と"セキュリティマネジメント"の規格開発動向は，日本規格協会のウェブサイトで公開されているので，詳細は参照されたい．

すます強調されるようになった．わが国では，2005年に内閣府から"事業継続ガイドライン"が公表され，同年，経済産業省も大規模情報システム障害を主な対象とした"事業継続計画（BCP）策定ガイドライン"を公表した[*13]．

大規模地震対策などの"クライシスマネジメント"と，ISO 14001：2015が要求するリスクに対する取組みはどのように関係し，EMSではどこまで対応しなければならないか，"地震リスク"を例に考察する．

地震リスクは，日本に立地する全ての組織に共通する重大なリスクである．ISO 14001による"環境"の定義（3.2.1）には，"土地"が含まれ，"環境状態"の定義（3.2.3）では，"ある特定の時点において決定される，環境の様相又は特性"である．

とすると，ある時点で土地が揺れるという様相である"地震"は"環境状態"に含まれると解釈されるのだろうか？　そう解釈するなら，地震のリスクに対する取組みはEMSが担うべきである，という理屈が成り立つ余地はある．

しかしながら，行政でも企業でも，地震は環境問題の一つとしてとらえるのではなく，独立した問題として議論され，対策が検討されているのが実状である．地震は，企業のインフラストラクチャに被害を与え，出荷待ちや販売予定の在庫製品を傷つけ，物流網も停止するので顧客や取引先に製品やサービスを提供することができなくなる可能性がある．そうであれば，QMSにおいてもリスクとして認識されるべきものだろう．職務時間中に地震に襲われれば，最優先すべきは人命であるから，労働安全衛生マネジメントシステムの観点からも重大なリスクと認識されるだろう．

ある地域で大地震が発生し，そこに立地する事業所が大きな被害を受けた場合，遠く離れた本社には直接の地震被害は及ばなくても，社長を先頭にした危機管理体制が立ち上がり，被災事業所の支援と復旧，金融機関などへの支援要請，取引先などへの納期延期などの要請，被災事業所の業務をバックアップする代替拠点の立ち上げなど，あらゆる部門が対応に追われることになるだろう．

[*13]　これらのガイドラインについても，日本規格協会のウェブサイトで公開されている．

大地震のような大規模災害への対応は，EMSやQMSなどでバラバラに対応できるものではなく，経営システム全体で対応するのが常識である．

では，EMSやQMSなどは無関係かというとそうではない．被災した事業所では，有害物質等の保管設備や公害防止設備などの被害への対応は，EMSの守備範囲であろう．製造プロセス（工場）や販売プロセス（店舗）の被害への対応は，それぞれのプロセスの責任者（部門長）が中心となって進め，地元自治体や警察，消防，そして本社などとの連絡や連携は事業所の総務部門が担うであろう．

EMSやQMSがあろうがなかろうが，地震など自然災害への備え，例えば避難訓練の実施や緊急時の連絡体制の整備，緊急時の各人の役割分担などはあらかじめ決まっているはずである．従来から，そうした非常時体制の全てを環境部門が統括しているならばEMSでその統括業務を展開してもよいが，非常時の体制が組織で決まっているなら，EMSはその下で求められる役割を果たせばよい．

組織におけるクライシスマネジメントは，組織がその本業への被害を最小限に抑え，事業を継続するために，組織にとって不可欠の体制・活動であるから，附属書SLの5.1の注記に記載されている"組織の存在の目的の中核となる活動"の一つ，すなわち，組織に必須の事業プロセスであると理解するとよい．

大地震などの自然災害は，組織経営全体における脅威となるので，EMSやQMSなど個別のMSSでは，そうした脅威への対応は，クライシスマネジメントを担う"危機管理プロセス"という事業プロセスに統合して実施すると考えることが最も合理的で，かつ実態に合った取組みである．

7.5 組織の持続的成功に向けて

本書では，これまで様々な観点から附属書SLで導入されたリスク及び機会への取組みが組織の価値を増大させ，組織の持続的成功を支えるものとなることを願って解説してきた．

リスクマネジメントの限界をもたらす最大の要因である"未来の不確実性"を十分認識したうえで，それでも未来について確実なこともあるということを示して終わりとしたい．

　現代に生きる人類や動物の体内からは，100年前には全く検出されなかった（そもそも存在しなかった）合成化学物質が500種類以上検出され，その濃度も増加傾向にあるといわれる．生態系や人体がいつまで，どの程度まで耐えられるか，わかっていないことが多い．しかし，二酸化炭素の排出による気候変動も，合成化学物質の排出による生態系や人体の汚染も，そうした物資の排出が継続し，その濃度が環境や人体内で増加し続けるという"状態"は持続可能ではない．具体的な許容レベルは確定できなくとも，濃度が増加し続ければ，いつか閾値を超えて破綻する．

　こうした観点から，環境が持続可能であるために必要な基本原則が提示されている．その代表的な二つの原則を**表7.3**に示す．

　"ナチュラル・ステップ"とは，スウェーデンの医師であるカール・ヘンリック・ロベール博士が提唱した原則で，欧米の多くの著名な科学者がその正当性

表7.3　環境の持続可能性に関する原則

ナチュラル・ステップのシステム条件	ハーマン・デイリーの持続可能性の原則
システム条件1 生物圏の中で，地殻から掘り出した物質の濃度を増やし続けてはならない．	1. 再生可能な資源の利用速度は，再生速度を超えるものであってはならない．
システム条件2 生物圏の中で，人間社会が製造した物質の濃度を増やし続けてはならない．	2. 再生不可能な資源の利用速度は，再生可能な代替資源を開発できるペースを超えてはならない．
システム条件3 自然の循環と多様性を支える物理的基盤を破壊し続けてはならない．	3. "汚染物質"の持続可能な排出速度は，環境がそうした物質を吸収し，無害化できる速度を超えるものであってはならない．
システム条件4 効率的で公平な資源の利用	

を支持している．詳しい説明は省略するが，博士の原則には"○○し続けてはならない"という表現が使用されている．どこまでの濃度なら大丈夫かといった詳細な議論になると，研究者間の意見は分かれ，論争となる．しかし"○○し続ける"といつか破綻する，ということには皆が合意できるのである．

経済学者ハーマン・デイリーは，国連などで多くの仕事を行った人物である．ハーマン・デイリーの原則と，ナチュラル・ステップのシステム条件1～3を突き合わせてみると，表現こそ違うものの，ほぼ同じことを指摘していることがわかる．CO_2を含め，環境や人体に有害であることが特定された物質は，時期は不明でも，やがて排出禁止となる可能性が極めて高い．

そうした物質を排出する組織は，排出しているという状態を重大なリスク（脅威）と認識し，中長期的にはそうした物質をより安全な物質に変更することが迫られる．"未来は不確実"といっても，科学的原理や生物が生存できる基本条件は未来においても変わらない可能性が極めて高い．表7.3に示したような原則を"未来への羅針盤"として行動を選択していくことで，環境面で持続可能な社会に到達できる．組織が新製品開発や新事業への進出などの経営戦略の意思決定をする際には，羅針盤の示す方向に常に注意し，これらの原則に違反する行動を計画的に回避，縮小，代替していくことが望ましい．

自然環境の悪化が加速する現代，全ての組織には，手遅れにならないうちに自らの活動，製品及びサービスが全てこれらの原則を満たすものとなるように，戦略的な取組みを進めることが求められている．

索　引

A - Z

BCMS　　179
COSO　　38, 169
ERM　　39, 155
HLS　　42
ISO 31000　　61
ISO/IEC 専門業務用指針・統合版 ISO 補足指針　　31, 50
JTCG　　45
JTG　　42
MSS　　31
PESTLE 分析　　80
SWOT 分析　　80
TMB　　42, 135

か行

改善　　124
機会　　12, 57
　　──の定義　　58
クライシスマネジメント　　178
継続的改善　　124, 126
現在リスク　　82
固有リスク　　14, 51, 82, 163

さ行

残留リスク　　83, 97
事業継続マネジメントシステム　　179
事業所リスク　　99
純粋リスク　　14, 51
是正処置　　125

全社リスク　　99
全社的リスクマネジメント　　39, 155

た行

タートル図　　87, 92
デューディリジェンス　　116
投機的リスク　　14, 51, 103
統合マネジメント　　27
　　──システム　　127
統制リスク　　14, 51, 82, 117, 163

な行

内部監査　　28, 120
　　──の役割　　167
内部統制　　38

は行

発見リスク　　121, 163
附属書 SL　　31, 56
　　──開発の経緯　　46
不確かさ　　55, 171
　　──の影響　　11
不適合　　125
プロセスアプローチ　　134
文書化した情報　　25, 76, 113
変更のマネジメント　　84, 110

ま行

マネジメントレビュー　122

や行

予防原則　173
予防処置　34

ら行

リスク　10, 13, 36, 51
　——アセスメント　24, 62
　——アプローチ　162
　——及び機会　31, 72
　——及び機会の決定プロセス　90
　——コミュニケーション　111
　——対応型アプローチ　134
　——と機会の決定方法　17
　——と機会の発生源　15
　——の種類　14
　——の定義　53
　——ファイナンス　158
　——ベース・アプローチ　39
　——ベース監査　29, 161
　——マトリックス　88
　——マネジメント　24, 38, 61, 126, 178

著　者　略　歴

吉田　敬史（よしだ　たかし）

1972年　東京大学工学部電気工学科卒業
　　　　三菱電機株式会社入社
1974年〜75年
　　　　米国ウエスティングハウス社留学
1975年　三菱電機株式会社 制御製作所にて，電力系統保護システムの設計開発業務に従事
1991年　三菱電機株式会社環境保護推進部
2004年　三菱電機株式会社環境推進本部本部長
2006年　三菱電機株式会社退職，合同会社グリーンフューチャーズ設立
現　在　合同会社グリーンフューチャーズ代表
　　　　環境管理システム小委員会　（ISO/TC 207/SC 1 対応国内委員会）委員長
　　　　品質マネジメントシステム規格国内委員会（ISO/TC 176 対応国内委員会）委員
　　　　ISO/TMB/TAG 対応国内委員会　委員
　　　　温室効果ガスマネジメント及び関連活動対応国内委員会（ISO/TC 207/SC 7 対応国内委員会）委員

平成11年度工業標準化事業功労者　通商産業大臣賞　受賞
ISO/TC 207/SC 1　日本代表委員（エキスパート）（1993年〜2015年）

〈主な著書〉
効果の上がる ISO 14001：2015 実践のポイント，日本規格協会，2015
ISO 14001：2015（JIS Q 14001：2015）要求事項の解説（共著），日本規格協会，2015
ISO 14001：2015（JIS Q 14001：2015）新旧規格の対照と解説（共著），日本規格協会，2015
やさしい ISO 14001（JIS Q 14001）環境マネジメントシステム入門，日本規格協会，2015

リスク及び機会　実践ガイド
ISO 14001 を中心に

定価：本体 2,500 円（税別）

2016 年 11 月 18 日　第 1 版第 1 刷発行
2018 年 12 月 19 日　　　　第 3 刷発行

著　　　者　吉田　敬史
発　行　者　揖斐　敏夫
発　行　所　一般財団法人 日本規格協会
　　　　　　〒 108-0073　東京都港区三田 3 丁目 13-12　三田 MT ビル
　　　　　　http://www.jsa.or.jp/
　　　　　　振替　00160-2-195146
印　刷　所　株式会社平文社
製　　　作　株式会社大知

© Takashi Yoshida, 2016　　　　　　　　　　　Printed in Japan
ISBN978-4-542-40269-0

● 当会発行図書，海外規格のお求めは，下記をご利用ください．
　販売サービスチーム：(03)4231-8550
　書店販売：(03)4231-8553　注文 FAX：(03)4231-8665
　JSA Webdesk：https://webdesk.jsa.or.jp

◯ 図 書 の ご 案 内 ◯

効果の上がる ISO 14001:2015 実践のポイント

吉田　敬史　著

A5判・206ページ　定価：本体 2,700 円（税別）

【主要目次】
第1章　ISO 14001 改訂の背景と目的
　1.1　ISO 14001 開発の目的
　1.2　ISO 14001 改訂の経緯
　1.3　マネジメントシステム規格の整合化
　1.4　EMSの将来課題スタディグループの勧告
第2章　ISO 14001:2015 の概要
　2.1　改訂審議の経緯
　2.2　ISO 14001:2015 の要求事項のポイント
　2.3　組織が考慮すべき主要な課題
第3章　ISO 14001:2015 実践のポイント12
　3.1　組織の状況の理解
　3.2　環境に関する課題の拡大
　3.3　EMSの適用範囲の再考
　3.4　リスク及び機会への取組み
　3.5　環境パフォーマンスの重視
　3.6　プロセスとその相互作用
　3.7　事業プロセスへの統合
　3.8　経営者の責任
　3.9　コミュニケーション
　3.10　文書化した情報
　3.11　ライフサイクル思考
　3.12　順守義務の履行

日本規格協会　　https://webdesk.jsa.or.jp/

図 書 の ご 案 内

ISO 14001:2015
（JIS Q 14001:2015）
要求事項の解説

ISO/TC 207/SC 1 日本代表委員　　ISO/TC 207/SC 1 日本代表委員
環境管理システム小委員会委員長　環境管理システム小委員会委員
　吉田　　敬史　　　・　　　奥野麻衣子　　共著
A5 判・322 ページ　　定価：本体 3,800 円（税別）

ISO 14001:2015
（JIS Q 14001:2015）
新旧規格の対照と解説

ISO/TC 207/SC 1 日本代表委員　　ISO/TC 207/SC 1 日本代表委員
環境管理システム小委員会委員長　環境管理システム小委員会委員
　吉田　　敬史　　　・　　　奥野麻衣子　　共著
A5 判・358 ページ　　定価：本体 4,100 円（税別）

[2015 年改訂対応]
やさしい
ISO 14001（JIS Q 14001）
環境マネジメント
システム入門

吉田　　敬史　著
A5 判・134 ページ　　定価：本体 1,500 円（税別）

日本規格協会　　https://webdesk.jsa.or.jp/

図書のご案内

対訳 ISO 9001:2015
（JIS Q 9001:2015）
品質マネジメントの国際規格
[ポケット版]

品質マネジメントシステム規格国内対策委員会　監修
日本規格協会　編
新書判・454ページ　　定価：本体 5,000 円（税別）

対訳 ISO 14001:2015
（JIS Q 14001:2015）
環境マネジメントの国際規格
[ポケット版]

日本規格協会　編
新書判・264ページ　　定価：本体 4,100 円（税別）

ISO 9001:2015/ISO 14001:2015
統合マネジメントシステム構築ガイド

飛永　隆　著
A5判・168ページ　　定価：本体 2,200 円（税別）

ISO 共通テキスト
《附属書 SL》解説と活用
ISO マネジメントシステム
構築組織のパフォーマンス向上

平林良人・奥野麻衣子　共著
A5判・168ページ　　定価：本体 2,200 円（税別）

日本規格協会　　https://webdesk.jsa.or.jp/

図書のご案内

対訳 ISO 31000:2009
（JIS Q 31000:2010）
リスクマネジメントの国際規格
［ポケット版］

日本規格協会　編
新書判・184ページ　　定価：本体 2,800 円（税別）

ISO 31000:2009 リスクマネジメント 解説と適用ガイド

リスクマネジメント規格活用検討会　編著
編集委員長　野口和彦
A5判・148ページ　　定価：本体 2,000 円（税別）

リスクマネジメントの実践ガイド
ISO 31000 の組織経営への取り込み

三菱総合研究所
実践的リスクマネジメント研究会　編著
A5判・160ページ　　定価：本体 1,800 円（税別）

リスク三十六景
リスクの総和は変わらない
どのリスクを選択するかだ

野口和彦　著
四六判・194ページ　　定価：本体 1,300 円（税別）

日本規格協会　　https://webdesk.jsa.or.jp/